何が記者を殺すのか

大阪発ドキュメンタリーの現場から

斉加尚代
Saika Hisayo

a pilot of wisdom

はじめに

とうとう、ここまで来たのか。ずっとその気配を感じ、ひどく恐れていた濁流が、一瞬にして眼前に迫り、大切なものを破壊してゆく。そう感じるほど強い衝撃が走りました。

目にしたのは、米国の首都ワシントンで大統領選を「不正選挙」と盲信し、愛国的な正義感に突き動かされた人びとが、連邦議会へ雪崩《なだ》れ込んでゆく光景を映したテレビの画面。議事堂の階段を上から下まで埋め尽くし、ガラス窓を勢いよく割って内部へと乱入するニュース映像です。その群衆、トランプ大統領を支持する人びとは、彼の演説やツイッターに扇動されて議事堂を一時占拠、その結果、警察官ひとりを含む5人もの犠牲者を出しました。

「Qアノン」と呼ばれるまったく根拠のない陰謀論をばら撒《ま》いて悦に入る男たちが、ペンス副大統領が直前まで着席していた議会の席でアジテーションする映像がその後インターネット上に流れます。戦後、日本に民主主義社会をもたらした米国における、前代未聞と言える事態です。

「群衆が雪崩を打つ」「人の命まで失われる」、それはまるで、すぐそばの町内で起きた現象に思えるほど、私には身近に迫って感じられました。いやいや、それは考えすぎ、と思われる方も少なくないでしょう。自分ですら、「えっ、何だろう、この異様な感覚は?」とうろたえました。まるで濁流の泥水に頭まで浸《つ》かり、見慣れた街角の風景が瞬く間に暗転し、まったく別次元の戦場に立たされた気分。そのせいかしばらく身体《からだ》が凍り付いて声も出せず、微動だにできませんでした。

そして、こうした体感は自身の番組制作におけるさまざまな取材経験に根ざしてもたらされているのだと気づきました。

2021年、新年早々の1月7日（米国時間6日）の出来事です。日本では、新型コロナウイルスの第三波襲来で、東京都と埼玉など3県に二度目の緊急事態宣言が出された日でもありました。

私は、大阪に本社のある毎日放送（MBS）に入社してから30年以上、テレビ報道という職場に身を置いてきました。20代の当時はほんのり憧れを抱くパイオニア世代の先輩記者たちがいて、自由闊達《かったつ》なジャーナリズム精神がみなぎる現場と感じていました。なんとか新聞記者たちに追いついて、いずれ追い越さねばならないというベンチャー気質も残っていたと思います。が、SNSが普及するにつれて新聞もテレビも「オールドメディア」と揶揄《やゆ》されるようになりました。

2015年7月、安保関連法の強行採決によって国会に嵐が吹き荒れる中、私は報道局のニュース部門から番組制作部門、現ドキュメンタリー報道部に異動になりました。以来、少なくとも年に3本、1時間の番組を担当し、作り続けています。

MBSドキュメンタリー『映像』シリーズと呼ばれる毎月1本、最終日曜日の深夜0時50分から関西で放送しているこの番組枠は、1980年にスタートし、戦争や公害、障がい者や部落差別、在日韓国・朝鮮人や外国人問題、冤罪《えんざい》、医療や福祉、原発、教育や文化など実にさまざまな視点から、個性的なディレクターたちが映像作品を輩出してきました。大阪から時代を映し続けてきたと言っても過言ではありません。

私はその先輩たちの系譜に連なるひとりにすぎませんが、本書ではいま切迫して感じられる社会が抱える問題と「ドキュメンタリーの可能性」について、次に挙げる4作を中心に語ってゆきたいと思います。

◇『なぜペンをとるのか～沖縄の新聞記者たち』(2015年9月27日放送)
プロデューサー澤田隆三と初めてコンビを組んだ印象深い作品です。「偏向報道」と自民党政治家たちから批判される新聞社に40日間、密着しました。

◇『沖縄　さまよう木霊《こだま》～基地反対運動の素顔』（２０１７年1月29日放送）
地上波の情報バラエティー番組『ニュース女子』で沖縄デマとヘイトが垂れ流され、放送史に残る汚点になったと言うべきその内容を検証したものです。
◇『教育と愛国～教科書でいま何が起きているのか』（２０１７年7月30日放送）
第55回ギャラクシー賞テレビ部門大賞を受賞した作品で、インパクトのあるインタビューが注目されました。

以上の3つは、新聞、放送、出版（教科書）をそれぞれ取り上げていることから、「メディア三部作」と評してくださった人もいます。
そして今回、もっとも詳しく報告したいと考えているのが、4作目のこちらです。
◇『バッシング～その発信源の背後に何が』（２０１８年12月16日放送）
本作は、ＳＮＳによる学者や弁護士に対するバッシングに焦点を当てていますが、２０２０

年10月、日本学術会議の新会員任命において、学者6人が菅義偉《すがよしひで》首相により外された後、ツイッターでバッシングされたり、デマで業績を貶《おとし》められたり、誹謗《ひぼう》中傷される事態を生んだこととも通底します。いまだ任命拒否された理由は明らかにされず、政府は「終わったこと」にしていますが、決して曖昧なまま終わらせてはいけない重大な問題です。

ニューメディアのSNSの世界と政治の在り方に触れたこの作品を、あらためて活字にして残しておきたい、それが本著を執筆しようと奮い立った理由です。

私なりに過去の番組制作のプロセスやディテールを書き残し、さらにはテレビ報道という現場の片隅で喘《あえ》ぎながらも仕事を続けてきた体験が、メディア史の小さな一片をなすかもしれないと、いつからか考えるようになりました。新型コロナウイルス禍の苦難の時代を生きる私たちの「メディア考」の一助になれば望外の喜びです。

もっと踏み込んで言えば、いまこの社会の中で表現者であるなら避けて通れない、「圧力」というベールの向こうのマグマのような政治的エネルギーへの警戒が、前述の4作品に共通する土台です。

30年前、リベラルな論調を掲げていた記者やディレクターたちは、横柄に感じるほど自信に満ちて大きな顔をしていました。ですが、どうも最近はさまざまな「圧力」に晒《さら》されて、支持率の高い政治家らを追及する取材がやりにくくなっているらしいのです。命は取られなくとも「記者として殺される」、そんな物騒な言葉も耳にしました。その現場はデマやヘイトとも隣り合わせです。これらをもたらす要因は何なのか。戦後75年以上が経過し、人びとが希求した「民主主義」という仕組みにいくつも穴が開けられ、その壁が少しずつ崩れかけているのではないでしょうか。

原因はひとつではなく、複合的な危機が重なり合い、深刻とも言える事態を招いていると痛感します。そんな危うい状況を見るにつけ、多くのメディア人が連帯して防波堤にならなければ、「圧力」がさらに増幅し「壊れる」時代を迎えるのではないか、そう危惧しています。

目次

2 『映像'17　沖縄　さまよう木霊～基地反対運動の素顔』

3

第二章　記者が殺される

本文中の肩書きは、基本的に取材当時のものです。
敬称は略している場合もあります。

ＪＡＳＲＡＣ　出　２２０１３８３－２０６

図版作成／ＭＯＴＨＥＲ

第一章　メディア三部作

1　『映像'15　なぜペンをとるのか～沖縄の新聞記者たち』（2015年9月27日放送）

デマを信じたスタッフ

「沖縄の新聞社では、活動家が記者をやってるんですか？」

社内の信頼するスタッフからこのように聞かれた時は驚きました。広報担当のそのスタッフに悪意はまったくありません。どうも人づてに聞いたようです。

2015年当時、沖縄の新聞記者たちは、安倍晋三《しんぞう》政権に対して厳しい論陣を張っていました。たとえば社説の見出しは「安保法制自公協議　安倍政権の暴走止めよう」「『安倍応援団』暴言」沖縄への偏見あらわに」。政権批判に徹する論調は、与党議員の間で話題になっていました。県外の活動家が就職しているんじゃないか、そんな噂《うわさ》をスタッフは耳にしたそうです。

まさか……。

日米同盟の強化に舵《かじ》を切る安倍政権に対し、臆することなく展開される紙面は、1972年まで米軍占領下に置かれた沖縄の戦後の歴史とも深く関係します。そんな地元紙を沖縄の読者たちが支えているわけですが、「政権批判は沖縄の民意ではない」と思わせたい情報が大量に流布されていたのでしょうか。政治的な言説がいかに拡散されやすく、一般人の意識に不意に入り込んでゆくかを思い知らされた出来事でした。

自民党「文化芸術懇話会」と記者たちへの問い

沖縄には那覇市に本社を置く、ふたつの新聞社があります。「沖縄タイムス社」と「琉球《りゅうきゅう》新報社」、いずれも300人近い社員が働いている地方紙です。全国紙（日本経済新聞を除く）が配達されないという沖縄県内の事情もあり、ふたつの新聞社は読者のシェアを競い合うライバル同士。たとえば、「NAHAマラソン」は沖縄タイムス社、「おきなわマラソン」は琉球新報社が主催するといった具合に、県内のさまざまな事業において火花を散らしています。

ふだんは紙面や事業で競争を繰り広げる2紙の編集局長が、東京で異例の共同記者会見に臨んだのは、2015年7月2日。ふたりの編集局長が初めて同席し、「言論弾圧の発想で極めて危険」「民主主義は危機的な状況」と警鐘を鳴らしました。自民党の「報道圧力」に対し、ともに異を唱えて抗議したのです。

沖縄県議会も同日、「県民をも侮辱するもの」と決議までした「報道圧力」。それは、自民党所属の若手国会議員が開いた勉強会「文化芸術懇話会」（6月25日開催）の席上でなされました。

当時、もっとも物議をかもしたとして一斉に報じられたのが、講師で招かれた大阪出身の小説家百田尚樹《ひゃくたなおき》氏のこのような発言です。

「沖縄のふたつの新聞社は潰さなあかん」

この「懇話会」、その趣旨からして時代錯誤と言えますが、自民党が掲げる政策推進のために文化や芸術をどう活用すべきか議論するのが目的でした。東日本大震災による福島第一原発事故以降、音楽家の坂本龍一氏や小説家の大江健三郎氏らが脱原発運動で活躍しているのに倣って、自民党の政策を駆動させるエンジンになれる人物は誰か、と人選した結果、白羽の矢が立ったのが百田氏でした。

期待通り議論は盛り上がったようです。自民党の国会議員たちは、先に紹介した百田氏の「潰さなあかん」発言に行きつく前に「圧力」をかける暴言を続けています。

大西英男衆院議員（東京16区）「マスコミを懲らしめるには広告料収入がなくなるのが一番だ。経団連に働きかけてほしい」

長尾敬《たかし》衆院議員（比例近畿）「沖縄の特殊なメディア構造を作ってしまったのは戦後保守の堕落だった。左翼勢力に完全に乗っ取られてしまっている」

意に沿わないマスコミを目の敵に言いたい放題。続いて百田氏の口から「沖縄のふたつの新聞社は潰さなあかん」が飛び出しますが、他にも見逃せない発言がありました。

「もともと普天間《ふてんま》基地は田んぼの中にあった。基地の周りに行けば商売になるということで、どんどん基地の周りに人が住みだした」

もとは何もなかった、商売目的で人が住みだした。そんな基地に関するデマを百田氏は流布したのです。沖縄タイムスは、この発言のほうがより悪質で深刻と見て、歴史的事実とは異なると抗議する記事を一面に大展開します。

普天間基地がある場所は戦前、宜野湾村《ぎのわんそん》の村役場や国民学校をはじめ、美しい松並木の街道があり、９０００人以上が住む集落の中心でした。証拠となる当時の白黒写真も残っています。米軍に占領されて土地を奪われ、収容先から村に戻った住民たちが途方に暮れて基地の周囲に住み始めたという歴史が「なかったこと」にされたのでした。

問題となった「文化芸術懇話会」代表の木原稔《みのる》青年局長（熊本1区）と大西議員ら３人はその後、党から処分を受けますが、一度、ネット上に放たれた暴言の矢は決して消えてなくなりません。沖縄メディア叩《たた》きが激しさを増していきます。

与党政治家が「偏向報道」と新聞社にレッテルを貼り、あたかも「正当でない」というイメージをばら撒く。標的にされた記者たちはどんな思いで紙面作りに身を投じているのだろうか。国家権力からのあからさまな攻撃に晒されても、しっかり対峙《たいじ》してペンをとり続けることができるのはなぜなのか？　この目で見たくなりました。

この番組の企画案は、「沖縄へ取材に行ったらどうやろ？」、そう口にしたプロデューサー澤田隆三とともに考え、練ったものです。７月中旬、ふたりして同時にニュース現場から『映像』シリーズを制作する部署に異動になり、9月の放送枠が未定のままでした。「とにかく2か月で番組を作らないといけない」、その言葉に反応します。記者時代にニュース業務と掛け持ちしてドキュメンタリーを3本制作した経験はありましたが、こんな短期決戦で臨むのは初めてです。久しぶりの1時間枠、破綻せずにできるだろうか。当初は、焦りと不安が募るばかりでした。

『なぜペンをとるのか』というタイトルは、澤田が提案してくれました。とても気に入っています。というのも、ドキュメンタリーの企画は、すべて「問い」から始まる、そのように日頃から考えていて、その問いがずばりタイトルになっているからです。

7月下旬、沖縄の那覇空港に降り立ち、当時は那覇市天久《あめく》にあった琉球新報本社を目指しました。美しく青く澄んだ夏の空。沖縄を南北に貫く国道58号線を北上して到着した社屋の正面では、シーサーの石像が両側からにらみをきかせていました。

元同期の映画監督の一言で

新聞とテレビというのは系列によって組み合わせがあり、毎日放送と同じJNN系列の琉球放送は、沖縄タイムスと密接な関係を築いています。なのにまず、琉球新報に撮影を依頼することにしたのは、沖縄に住む友人からのアドバイスがあったからです。

『なぜペンをとるのか』琉球新報の政治部長・松永勝利さん（2015年）

１９８７年ＭＢＳ入社の私には、同期の女性が５人います。そのひとりが、ＭＢＳから琉球朝日放送（ＱＡＢ）に転職した後、ドキュメンタリー映画監督になった三上智恵さん。企画段階で頼りにしたのが、沖縄で仕事をする彼女でした。三上さんは、米軍基地や沖縄戦をテーマに数々の優れたドキュメンタリー作品を制作、いくつも大きな賞に輝いていて、映画をもとにした『証言　沖縄スパイ戦史』（集英社新書、２０２０年）でも石橋湛山記念早稲田ジャーナリズム大賞草の根民主主義部門大賞、城山三郎賞、ＪＣＪ賞を受賞しています。

電話で相談するとアドバイスは具体的でした。「沖縄のふたつの新聞社は、どちらも甲乙つけがたいけど、記者の個性を考えるなら、『ダブル松』がいる琉球新報のほうかなー」

「ダブル松」「二本松」とも呼ばれるふたりの記者というのは、報道本部長の松元剛《つよし》さんと政治部長の松永勝利さん。同期入社のふたりはライバルかつ親友で、米軍が嫌がるようなスクープを放つ沖縄の新聞記者なのだ、と太鼓判を押すのです。

政治家とのバトルで一致点？

企画書を持参し、琉球新報に取材を申し込んだ時は緊張しました。同業者と言える放送局が新聞社を密着取材するなんて、聞いたことがありません。断られるのではないか……。かりゆしウェアで現れた編集局長の潮平芳和さんと報道本部長の松元剛さんに初めて出会った応接室。その日の緊張をパーテーションで仕切られた部屋の様子とともに思い出します。エレベーターホールから部屋まで案内してくださった潮平さんは笑みを絶やさず、名刺を交換するまで、あの共同会見で抗議していた編集局長が目の前にいるとは思いませんでした。険しい表情をしていた映像上の人物とは別人に思えるほど柔和な印象です。

ゆっくり言葉を選びながら「沖縄ジャーナリズムを描きたい」と企画の趣旨を説明したところ、「フルオープンで撮影をお受けします」とその場で返事をくださいました。即決です。報道記者としての揺るぎない姿勢に深く感銘を受けました。

やりとりする中で、松元さんが声のトーンを少し上げ、「あ〜、あなたが、あの斉加さん！」

と述べた時は、「えっ、沖縄でも！」と思わず苦笑します。

「あの斉加さん」と言われる時は、たいてい２０１２年５月、記者時代に大量拡散された大阪市長の囲み会見の動画のことを指していました。

それは当時、人気絶頂だった橋下徹《はしもととおる》大阪市長の囲み会見でのこと。30分近く、こちらはただ答えが返ってきていないと感じて質問を重ねたつもりが、しつこく論争を挑んだ記者に見えたのか、市長から「勉強不足」「ふざけた取材すんなよ」などと面罵され、激しい言葉が飛び交うその時の動画がユーチューブで配信されるや、ネット上で大炎上する事態を招いたのです。

その取材のきっかけは、大阪の教育現場で起きた「国歌斉唱」をめぐる出来事です。大阪府議会は、前年の２０１１年６月、教職員に対し、府立学校の行事において『君が代』の起立斉唱を徹底させるため「国歌の斉唱にあっては、教職員は起立により斉唱を行うものとする」と明記する条例を成立させました。この条例は自民党も反対の立場でしたが、大阪維新の会の賛成多数で可決されます。そして迎えた大阪府立高校の卒業式。橋下氏と親しいひとりの民間人校長が、教員たちが「起立斉唱」する場面で、『君が代』を歌っているかどうか口元をチェックまでして確認し、教育委員会に報告するに至ったのでした。

大阪府の教職員を対象に国旗国歌条例を作るよう教育長に指示した人物こそ、知事時代の橋下氏。当時から法や条例による「指揮命令」こそが政治だという独自の考えを持っていました。

ダブル選挙で市長に鞍替《くらが》えした橋下氏は、「口元チェック」を「素晴らしいマネジメント」と称賛します。これに対し、現場の校長からは「健全な職場の構築を阻害する」「『君が代』への崇高の念は、このやり方では生まれない」といった否定的意見が多数あがっていると私は質問しに行ったのです。

「口元チェック」をする校長の行為に関し、ひとりの記者の主観で質問しては説得力がありません。そこで、府立学校の校長たちへ事前にアンケートした結果をまとめ、校長の多数が「起立と斉唱をひとつと捉えればよい」と回答したことや、憲法が保障する「思想良心の自由」に配慮する姿勢を示したことを伝えながら問いを投げかけたのです。現場の声を受けて、「一律に歌わせることについてはどうか」という質問を市長に繰り返したのでした。

ところが、橋下氏は論点をすり替え、「斉唱は誰が誰に命令したのか、答えろ」と逆質問してきます。当初、この質問に私は答えませんでした。それは、権力を握る側の首長が「自分の質問に答えないなら、あなたの質問にも回答しません」とディベート対決するかのような姿勢を見せるのは、そもそもおかしいと思ったからです。もし、クイズに答えた記者だけが取材できるというルールを敷く権力者が現れたらどうでしょうか。

権力者と、「知る権利」に奉仕する記者は、同一線上の関係にはありません。記者の背後にいる市民や国民を意識し、権力を剝《む》き出しにせず、抑制的に使うべきというのは、権力者である政治家に求められる基本的な資質であり、大前提でした。ところが、橋下氏は、逆に人気を博す理由ともなるのですが、常にまくし立て相手をくじけさせる攻撃的な手法をとります。

質問に答えてもらえず、しびれを切らした私が「教育長ではないですか」と述べると、待ってましたとばかり「とんでもない。教育長が命令を出せるのですか！」と鬼の首を取ったように激しく責め立てて、「ふざけた取材すんなよ」「とんちんかん」と罵倒がヒートアップしてゆくのです。

実は、私が口にした答えは、間違っていません。けれどここでは、事実は二の次で、記者をやり込めることこそ狙いだったのではと疑いたくなります。というのも、数か月前、二度にわたり橋下氏が「怒り心頭」とツイッターで連打しまくる、教育改革に関するニュース特集を取材、放送したのが私だったからです。

囲み会見の取材も、ニュース特集を作るために出向いたものでしたが、「口元チェック」が「内心の自由」に踏み込むかどうかの論点に対する答えは一切、得られませんでした。それこそ「ルールを守れ」の一点張りです。反論のスキを与えず、記者を責め立て続けます。

彼の言論テクニックはいつも「その点を勉強してください」「勉強しなさい」「もっと考えて批判しろ」と論点ずらしの反論を畳みかけて、うやむやにしてしまうのが特徴と言えます。

そうは言っても、当時は動画を見たネットユーザーの多くが、「この女性記者をクビにしろ」

「反日記者」「公開処刑」と激しい言葉で騒ぎ立てました。私は市長から、たとえどのように非難され嫌われようとも、「通常の取材」と考えていたので、ネット空間で何が起きていたのか、理解が及びません。3か月間にわたり、名指しの中傷メールが送られてくるなどリンチと言っていい状態が続きます。ほぼすべてが匿名で、何度も執拗《しつよう》に送信してくる人が多数いました。

詳しくは拙著『教育と愛国―誰が教室を窒息させるのか』（岩波書店、2019年）に記しているため、ここでは省きますが、つい最近も知り合った弁護士から「あの動画、見ました。罵倒されているのに最後、『今日はこれくらいにしておきます』と告げるあの台詞《せりふ》、いいですねえ」と言われて赤面しました。

教育をテーマに政治と向き合う稀有《けう》な体験をしたのですが、ここからが当時の私がもっともダメージを受けたことです。沖縄の新聞記者たちに出会うことになる序幕と言えるかもしれません。実は、市長から罵声を浴びせられたことより、その後に同業者たちの声を耳にして愕然《がくぜん》としたことのほうが、いまも思い出すと胸騒ぎがするショックな出来事でした。

「市長に対しリスペクトが足りなかった」「失礼な取材だ」「さっさと質問をやめれば炎上せずにすんだのに」、こうした反応が同業者から寄せられたのです。これには心の準備ができていませんでした。匿名の市民からの罵倒は予想もできて、さほど堪《こた》えなかったのですが……。

「相手が権力者であっても対等に取材しろ」「相手が答えるまで質問を続けるのが記者の職責

だ」、そう先輩から学び、基本を遂行しただけ。そんな考えの私は、もはや天然記念物にも似た存在なのか。周囲からの視線にふと考え込むことが増えます。

政治家が自身のツイッターを駆使して影響力の大きさを誇示し、テレビの視聴率を稼ぐという時代。政治の言葉に記者も流されてゆくのか。言いようのない違和感を覚えつつ、ニュース業務に追われる日々が続いていたのです。

いっぽう、名護《なご》市辺野古《へのこ》の海を埋め立て、米軍用のV字滑走路を備える新基地の建設に対し、燃え立つような論陣を張って反対する沖縄の新聞社。工事を促進させたい政府に対し、かつて権力にハブのように嚙《か》みついたことから「紙（嚙み）ハブ」と呼ばれた琉球新報社の元社長、池宮城《いけみやぐしく》　秀意《しゅうい》のごとく、舌鋒鋭い記事を掲載し続ける記者たち。

振り返れば、彼らにとって「政治家との論争」は日常茶飯事の出来事なのではないか。私の体験についても少なからず共感を持って受け止められていたのかもしれません。「あ〜、あの斉加さん！」と調子の上がったその言葉の語尾に優しさを感じたのです。

撮影の開始日に号外

「『なぜペン』は、僕にとって転機になりましたよ」。いまもそう語るのは、この番組を担当した島田昌彦カメラマンです。「へえ、なぜですか？」と確認すると、「放送日が決まっているだけで、まったく先が見えない中、走り出し、結果にたどり着いたから」と笑います。

私が想定ストーリーを作成せずに現地入りしたことを如実に物語っていますが、明日何が起きるかわからない、まったく展開が見えない、そんなスリリングな取材をともに走り切ったことを「転機」と表現してくれていることに感謝の気持ちが湧きます。

撮影スタッフは、島田に加えて音声助手の七條亜美（現在はカメラマン）。私も含めた3人が琉球新報本社に到着した初日の8月4日、編集局の大きなテーブルには印刷したばかりの号外が置かれていました。菅義偉官房長官が翁長《おなが》雄志《たけし》知事に集中協議を申し入れ、その協議が続く間、辺野古の埋め立て工事が一時中断すると報じる紙面。狙ったわけではないのに、絶妙なタイミングになったようです。

撮影終了は9月14日、この日も号外が配られました。見出しには「辺野古 承認取り消し」「知事、最大権限行使 対立激化、法廷闘争も」の文字が躍ります。国と県の協議が決裂、埋め立て承認を取り消すと表明する翁長知事の会見が最後の撮影になります。言うまでもなく、初日にはまったく予想すらできませんでした。

沖縄の記者たちの仕事ぶり

眼光鋭い記者たちが眉間にしわを寄せ、パソコンのキーボードを勢いよく打ち鳴らし、締め切りに追われてデスクから怒声が飛ぶ。熱量のある記者たちが集まる編集局は暑苦しいだろう。自分と同世代の大阪社会部記者たちの像をなぞりイメージした姿が、撮影を始めてあっさりと裏切られました。琉球新報の編集局はとても静かです。大きな声がほとんどしません。

毎朝、政治部長の松永勝利さんは出勤すると真っ先に、こだわりのコーヒー豆で大きなポットにコーヒーを淹《い》れます。職場にはいい香りが。几帳面《きちょうめん》でパソコン以外デスクに置かない松永さんと書類を山のように積み上げる松元剛さんは同期入社、たびたびスクープを放ってきたふたりは「ダブル松」と呼ばれていました。午前と午後の編集会議時は、みんな100円を払って松永さんのコーヒーを飲みながら議論します。私たちも何度もコーヒーをご馳走《ちそう》になりました。ほぼ全員がかりゆしウェア。マッチョな記者ってそもそも私の幻想だったのかも。アメやお菓子を音声助手にこっそり手渡してくれる部長もいます。

ただ、沖縄の新聞記者には、大きな特徴があります。それは日頃から、「ブラックボックス」である「米軍」という巨大権力と向き合っていることです。

「権力監視とは情報がない中で情報をたぐり寄せる力なのだ」と痛感する場面に遭遇しました。米軍ヘリが訓練中に艦船に墜落する、という事故が発生。皮肉にも菅官房長官が来沖し、第一回目の集中協議に臨んだ8月12日当日。県庁で菅氏を待つ記者たちの一部が、事故の一報を受け取材へと散っていきました。

米軍から救助の要請を受けた海上保安庁の発表が編集局内にも入ってきましたが、詳細は一切わかりません。松永さんが叫んだ言葉がいまも耳に残っています。

「情報がない、ということが情報だ！」

そこから記者たちが次々と独自のルートで情報をかき集めてゆきます。米軍と自衛隊の合同訓練中に事故が起き、けが人が複数出ているということがしだいにわかってきます。米軍が横田基地から「ハードランディング」、つまり「激しく着陸しただけ」と発表したのは事故発生から5時間以上経《た》ってからでした。「墜落」という言葉はそこにありません。

当時は、安保法制の国会審議中で情報統制がより厳しくされていたのでしょう。自衛隊も事故情報を公表しません。すると編集会議で声があがります。「情報を隠す、ということは自衛隊員にけが人が出ているんじゃないか！」。数時間後、予測は当たっていることが判明します。当局に頼らない、独自の取材網で事実の輪郭をつかんでゆく、沖縄の新聞記者たちの「底力」を目の前にして、私は胸が熱くなっていました。パソコン画面に、いくつものパターンの見出しを用意し、紙面を組んでゆく編集担当者たちの冷静な動きにも目を見張りました。

考えてみれば、記者の基本です。当局発表を疑い、鵜呑《うの》みにしない。独自の取材ルートを駆使し、事実を積み上げる。多角的に分析し、自ら判断する努力を惜しまない。

現場に立つ記者が基本動作を繰り返し、内勤の記者やデスクが一丸となって紙面を作り上げてゆく。目の前で繰り広げられる編集局全体の熱量からは、県民の暮らしを守りたいと願う記者たちの意志が透けて見えるようでした。

松永さんの言葉が胸に染みます。

「当たり前のことを当たり前に取材をして、大事だなあと思うことを記事にしているだけなんですけどね。それが全国から見ると特異に見えたり、激しく見えたり、先鋭化しているなんて言われたり。いやそんなことはない、ふつうの日常的な出来事を取材しているだけなんです。全国と同じぐらい平和な社会になれば偏向報道と言われなくなると思う」

『なぜペン』の取材で大きな負荷をかけたのは、松永さんだったでしょう。デスクのそばで連日、島田カメラマンが撮影を続けました。要するに「密着」です。松永さんは東京の下町育ち、都立高校に通っていた時は、大学へ行かず肉体労働者になるつもりだったそうです。それが沖縄県内の大学に進学し、新聞記者になります。1990年代、新米記者のころには、沖縄県警の警察官ふたりが殉職した暴力団の内部抗争事件を追いかけ、米軍による事件・事故の取材はもちろんのこと、ハードな現場を踏んできました。東京出身で沖縄生まれではない松永さんが、この番組のラスト部分に印象に残る「語り」をしてくれることになります。

翁長雄志知事の原点

松永さんが率いる政治部の記者のひとり、島袋良太さんは、取材当時「キチタン」と呼ばれる米軍基地担当記者でした。その後、イタリアやドイツの米軍基地も取材して、いかに沖縄の米軍だけが「日米地位協定」にあぐらをかいて優遇されているかをルポ「駐留の実像」にまとめました。石橋湛山記念早稲田ジャーナリズム大賞公共奉仕部門大賞に選ばれた際の受賞式では、その取材班代表として「『不公平だ』というシンプルな感覚が、沖縄の新聞としてのジャーナリズムの立脚点と思う」と語っています。

職場には島袋さんが何人もいるため、周囲から親しみを込めて「良太」と呼ばれる彼が菅・翁長両氏による5回の集中協議を取材してゆく姿を追いました。

翁長知事は保守政治家らしい信念がほとばしる「ことば」の持ち主です。

いっぽう、「批判は当たらない」と会見で連発し、説明を尽くそうとしないように見える菅官房長官。同じ法政大学の出身ですが、噛み合うはずがありません。取材当時、印象に残った両者のやりとりは――。

翁長知事「私は今日まで沖縄県が自ら基地は提供したことはないんだということを強調してお

きたいと思います」「安倍総理が『日本を取り戻す』というふうにおっしゃってましたけれど、私からすると、日本を取り戻す日本の中に、沖縄は入っているんだろうかなというのが、率直な疑問ですね」

菅長官「私は戦後生まれなものですから、歴史を持ち出されたら困ります」

呆《あき》れるほど軽い言葉で突き放しました。70年ほどの歴史にさえ目を向けませんと表明するなんて、ヨーロッパならすぐさま政治家の資質を疑われ、国民から見下されるのではないでしょうか。

「お互い別々に戦後70年を生きてきたんですね」と翁長知事は無力感を漂わせました。

戦後、米統治下にあった1960年代、「沖縄の自治は神話である」と公言したキャラウェイ高等弁務官（米陸軍の軍人）に重なると沖縄の2紙は報じます。集中協議の会場のひとつとなった沖縄ハーバービューホテルは、まさにキャラウェイがこの発言をしたその場所にあるとその後、耳にした時は、歴史的符合を強く感じたものです。

2013年1月27日、米軍輸送機オスプレイの配備に反対する沖縄の41市町村長ら沖縄代表団が「建白書」を手に東京・日比谷で集会を行った後、横断幕を持って銀座を行進しました。そこで翁長氏（当時は那覇市長）を先頭にした列に罵声が浴びせられます。「売国奴」「中国のスパイ」「琉球人は日本から出ていけ」「死ね」。

翌年、知事に就任する翁長氏が「衝撃だった」と繰り返し語ることになるヘイトスピーチ。日本政府に対して「オスプレイ配備反対」という民意を伝えることが、安倍政権に盾突く「非国民」呼ばわりされ、「標的」にされてしまう。周囲には「無関心」で通りすぎる圧倒的多数の日本人がいる。翁長氏の心を突き刺したこの光景が、燎原《りょうげん》の火のごとく、沖縄デマとヘイトが広がる土壌を作り出すことに、私はまだ気づいていませんでした。

沖縄戦が語り継がれる現場

話は沖縄の記者たちに戻ります。沖縄にはガマと呼ばれる洞窟が数多くあり、いまだに調査されていないガマもあって、非業の死を遂げた県民の遺骨が多く眠っていると言われます。激戦地だった糸満市だけでも２４０か所のガマがあり、集団自決（集団強制死）に追いやられた住民が大勢いました。ガマに詳しいデスクの志良堂仁《しらどうひとし》さんは、若い記者たちと一緒にガマを訪ね歩くのを新人研修のひとつにして、沖縄戦の実態を語り継いでいます。

静まり返ったガマの中で反響して聴こえる志良堂さんの声。

「あんまよー、お母さんという意味ですね。大の大人があんまーよーとかわけのわからないことを叫んだりしていた。食料もないから、うーとか、あーとか、呻《うめ》き声《ごえ》が響いていたそうで

『なぜペンをとるのか』ガマにて新人研修を行う志良堂仁さん（2015年）

す」

日本兵から銃剣を突きつけられ、赤ん坊を泣かすなと言われて、自らの手で我が子の口をふさいで殺《あや》めてしまった母親の戦争体験など数々の苦しい記憶を、志良堂さんはずっと取材し聞き取ってきました。真っ暗なガマにこだまする「肉声」によって、沖縄戦を知らない記者の眼《め》にも戦争体験を焼きつけているかのよう。震えるような記者たちの表情からそれが伝わってきます。

別の日、海兵隊のキャンプ・フォスターや空軍嘉《か》手納《でな》飛行場などの米軍基地がある北谷町《ちゃたんちょう》のショッピングモール広場で、記者2年目の明真南斗《あきらまなと》さんが、市民集会を取材していました。

激しい雨が降りつけているのに、子どもをおんぶしている母親や、レインコートを着る小さな兄弟の手を引く父親もいます。若者から子育て世代、さらには高齢者に至るまで、参加者の年齢層の分厚さにまず驚きました。

集会でスピーチに立つのは、安保関連法に反対する若者グループ「SEALDs（シールズ）」の中心メンバー元山仁士郎《じんしろう》さんらが呼びかけて発足したばかりの「SEALDs RYUKYU」です。シールズ沖縄ではなく、琉球とネーミングしたところに、こだわりが見えます。国会前の活動で脚光を浴びたシールズは、自由で民主的な日本を守るための、学生による緊急アクションを活発に続けていました。沖縄では、米軍と自衛隊が一体化する恐れのある安保法制に対し、大きく反対の声をあげていました。ノートにメモ書きする明さんのペンの字も雨でにじんでいます。

シールズ琉球の発足時の声明文には「この不平等な基地負担に由来する住民被害の歴史と、これらの基地から海外の戦地へ軍が派遣されてきたという事実は、決して看過されるべきものではありません」「新たな軍事基地を絶対につくらせないという覚悟を持っています」と記されています。学生たちが準備を重ねる段階から明さんは何度も話を聞いていました。小さな声であっても丁寧に吸い上げ、多くの人びとに伝えてゆく。ずぶ濡《ぬ》れになった挙げ句、携帯電話が壊れてしまった明さんの姿からその取材姿勢が伝わってきます。

保育園へ批判殺到に女性記者は

しなやかで頼もしい女性記者たち。取材日数が限られていたため、彼女たちを深く描くに至らなかったことが本作では何より心残りでした。

米軍ヘリが艦船に墜落した日、締め切りが迫って張りつめた空気の編集局に突然、小さな女の子の泣き声が響き渡ります。お母さんの玉城《たまき》江梨子記者が3歳の娘を会議用の大きなテーブルの席に残し、仕事を片付けるために少しの間、その場を離れていたのです。保育所に迎えに行ってから仕事に戻るのは、忙しい編集局では時々あることだそうです。

女の子の泣き声に松永さんが慌てて振り向き、「お母さんいるよ〜」と声をかけつつおろおろしていると、そこへ母親の玉城記者が戻ってきて娘を抱き上げます。「ごめん、ごめん。怖いおじさんばかりだからね」。あやしてなだめる場面は、記者たちの人間性や家庭がほの見えるシーンです。緊張の糸がふわっと緩む、親子のスキンシップの場面がとくに印象に残ったと感想を寄せてくれる視聴者が多くいました。

玉城さんは、非婚シングルマザーです。2017年12月、普天間飛行場から300mしか離れていない私立緑ヶ丘保育園が、落下物の発見をきっかけにしてデマによる不当な誹謗中傷に晒された時、脱帽したくなる記事をすぐさま発信しました。

同月7日午前、米軍ヘリが通過した後「ドーン」と音がして、保育園のトタン屋根に2か所のへこみと約10㎝の円筒状の部品が見つかりました。激しい音に園児たちは悲鳴をあげ泣きだしたそうです。その部品は「REMOVE BEFORE FLIGHT」（飛行前に外す）と表記されていて、米軍のものだと確認できました。幸い園児たちにけがはありませんでした。

ところが翌日、米軍がヘリからの落下の可能性を否定したとたん、「自作自演だろ」「でっちあげて、よくそんな暇あるな」といった非難の電話やメールが十数件、園に寄せられます。加えて、父母会のフェイスブックにも嫌がらせのコメントが殺到しました。

玉城さんは、宜野湾市で育ち、緑ヶ丘保育園のすぐそばに実家があります。事故の一報を聞いた時、ショックで涙が溢《あふ》れたそうです。滑走路の延長線上にある保育園をその週末に取材、米軍による事故を多角的に伝えるネット記事を発信し、大きな反響を呼びました。その記事は、次のように指摘します。

事故直後からSNS上では「危ないならヘリが飛ばない場所に引っ越せばいい」「基地ができた後に保育園ができたんでしょ」という言葉が飛び交っていた。米軍機の墜落などの事故が起きると必ず出てくる「危険への接近論」だ。

園児の保護者たちにとってネット上の非難やデマは、二次被害です。そのことを「必ず出てくる」と丁寧に解説しつつ戦後、保育所の整備自体も本土に比べて大幅に遅れ、共働き家庭の子どもたちがたむろする街で、民間の保育士が保育所を立ち上げた歴史的経緯を説明していました。上空に米軍ヘリが飛ばない場所がないことも。

「宜野湾で育った人間として、子育て中の母として、記者として、全国のみなさんに基地と共存することを強いられている私たちの日常を知ってほしい。『自分の子どもが通う保育園で、同じような事故が起きたら』と想像してもらいたい」

紙面は偏っている？　偏っていない？

自民党議員から「偏向報道」とたびたび攻撃される沖縄の新聞社。そのひとつ、琉球新報の社是はこうです。

「不偏不党、報道の自由と公正を期す　沖縄の政治、経済及び文化の発展を促進し、民主社会の建設に努める　国際信義にもとづき、恒久世界平和の確立に寄与する」

「報道の自由と公正」というのは、重い言葉です。民主主義の社会を維持するには、この「報道の自由と公正」は欠かせません。そしてここに「公平中立」とは書かれていない点に注目していただきたいと思います。

次にご紹介するのは、沖縄タイムスの編集局長、武富和彦さん（現社長）のインタビューで番組に盛り込んだ箇所です。

「米軍の施政権下にある時から一緒なんですけど、いっぽうに絶対的な権力を持っている権力者がいるわけですよ。いっぽうには基本的人権すら守られていない人びとがいる。その時によく中央メディアが言う、公平な報道、中立でどっちの言い分も言えということが本当に公平なのか、と。やっぱり明らかな力の不均衡がある場合には、弱い側の声をより大きく取り上げるべきじゃないのかということです。このへんが偏向だと言われるんでしょうけど、力の不均衡がある以上は弱者、弱いものに肩入れする、弱いものの声を代弁することこそメディアの責任というか、あるべき姿だというふうに思っています」

武富さんの明快な語りでは「明らかな力の不均衡」「弱いものの声を代弁する」「メディアの責任」という3つのフレーズが、ジャーナリズムそのものを指しています。つまり、沖縄のメディアは沖縄県民に向いてジャーナリズムを体現し、公正に記事を書いているにすぎません。

圧政の米軍統治下ですら口にされなかったという「新聞社を潰せ」、その発言と似た響きに聞こえたのが、翌年の「テレビの電波停止」発言です。2016年2月、高市早苗《さなえ》総務相が、放送局が政治的公平性を欠く放送を繰り返したと判断した場合、電波停止を命じる可能性があることに言及しました。政権内で「ジャーナリズム」そのものが敵になっているのでしょうか？　対して、当局にとっては都合のよい「アクセスジャーナリズム」は味方として歓迎するのか？　どうも分断を図ろうとしているようにしか思えません。

「なぜペンをとるのか」その問いに……

『なぜペン』は、沖縄の記者たちの日常を追いかけ、辺野古の埋め立て工事を推進しようとする政府に対し、県民でもある記者たちが日々どのような思いで紙面に向き合っているかを描こうとしました。何度も現場へと足を運び、さまざまな人びとの声に耳を傾けている記者たちの姿。「活動家が記者をやっている」「偏向している」なんて、もちろん新聞社を攻撃して弱めたい勢力による悪質なデマです。

ラストは「ペンの力を信じますか」という制作者の問いに、記者たちが答えて終わります。

何がいいのかっていうのは、新聞が決めるんじゃなくて県民が決めるし、これまでも決めてきたからいまの2紙が残って。県民がより判断できるような記事を書きたいと思って書いています。(辺野古問題取材班・明真南斗さん)

その後、政治部のエースに成長してゆく明さん。最初に出会った時は、まだ大学生にも見える優しい雰囲気でしたが、いまはエース記者らしい精悍《せいかん》さで、署名記事を連発しています。

故郷にずっと骨をうずめるつもりで生きてきてますし、やっぱり郷里の新聞、ふるさとの新聞でありたいと思っていますし、何十年後の未来のために何かを書きたい気がします。

(政治部基地担当・島袋良太さん)

「不公平だ」というシンプルな感覚、それが沖縄の新聞としてのジャーナリズムの立脚点と語っていた良太さん。クリスマスに子どもたちのためにチキンを焼く子煩悩なパパ。柔らかで頼もしい次世代の記者です。

最後に3分余りのインタビューで語ることになる政治部長の松永さん。途中、不意に30秒余りの沈黙があります。沖縄戦を生き抜いた高齢者たちへの取材を思い出し、ぐっとこらえるような表情を見せて涙ぐむ松永さん。私もじっと、言葉を発してくださるのを待ちました。活字だけでは伝わり切らない、ドキュメンタリーの世界ならではの「映像」と「音」が重なって語りかけてくる場面です。

このインタビューに出会うために私は「問い」を発し、沖縄へ出かけたのかもしれません。しだいに、そう強く感じるようになります。

何のために仕事をしているのか、何で記者をやっているのか、という一番大切なところだと思うんですね。それはやっぱり沖縄戦を体験した沖縄で戦争を繰り返しちゃいけないという、平和な島をまた戦争の島にしてはいけないという、そういう言動をするために沖縄の新聞社は存在していると思うんですね。ですから、戦争から続いている米軍基地の存在については、しっかり向き合わないといけないわけで、ましてやいま、戦争へと進みつつある日本政府、日本の集団的自衛権行使だとか、そういうことについて我々はしっかり向き合っていかないといけないと思うんですね。だから、他の新聞社と異質と言われても我々にとってはそれが基本中の基本、当たり前の作業。偏向報道と言われたって、それは別に我々は偏向なんかしてなくて……。先輩が言ってたんですけど、その沖縄戦の体験者の話を聞いたりとか、結局、沖縄の新聞社っていうのは……

ここで言葉が途切れ、松永さんの目がしだいに潤んでゆくのに気づき、意表を突かれた私も胸が高鳴ってゆきます。

何も言わず、ただじっと見つめ、待っている私。涙ぐみつつ、言葉をたぐり寄せようとする松永さん。周囲では記者たちがパソコンに向き合い、ざわざわと音が飛び交う編集局で、ピンと張りつめた静けさに包まれたかに思えた瞬間、内側から絞り出すように松永さんは言葉を続けます。遠くで共同通信の「ピーコ」と呼ばれる速報の音が響いているのが聞こえてきます。

……取材することを先輩から学ぶんじゃないんですよ。沖縄戦でつらい思いをした人から取材を学ぶんですね。私もそうでしたし、だから沖縄の新聞社は沖縄戦のことを忘れちゃいけないと思います。

しばらく言葉が張り付いて離れないぐらい、心を鷲《わし》づかみにされたのでした。

こうした40日間の密着取材を通して私は、「あの斉加さん」と言われるようになって以降、ずっと抱えていたテレビへの違和感や葛藤を吹っ切り、自らの軸足をしっかり取り戻すという大きな収穫を得ることになります。

実のところ、松永さんのこのインタビュー、使うことに当初、ためらいを感じました。松永さん自身は「絶対に使われると思いましたよ」「いつもは取材者の立場でいる僕が使わないでとは言えないでしょう」と言い、その日から腹をくくっていたそうです。

案の定、同業者から「政治部長が涙を流したらダメでしょう」という声が聞こえてきました。もう古い感覚だと思いますが、「男たるもの、泣くべきじゃない」という美学がまだ残っています。

さらに、放送後しばらくして、は〜っとため息がこぼれました。松永さんが涙ぐむインタビユーだけを切り取り、ネット上に晒して中傷するツイッターアカウントの存在に気づいたのです。そのツイートにはこうあります。

「なぜ琉球新報はウソを書くのか？　松永勝利政治部長が泣きながら告白。ＭＢＳ『沖縄の新聞記者たち』ディレクターは、橋下元市長にボコられた斉加尚代」

「『メディアの権力』を監視しています」とアピールするそのツイッターの発信者のアイコンは可愛《かわい》い猫。不思議なことに3年後に制作する『バッシング』の取材で再会することになるのです。

2 『映像'17 沖縄 さまよう木霊～基地反対運動の素顔』（２０１7年1月29日放送）

「土人発言」の擁護から溢れかえった沖縄デマ

大阪にいながら、沖縄に対するデマがすさまじいと痛感する現実に直面して誕生したのが、『沖縄 さまよう木霊～基地反対運動の素顔』です。『なぜペン』の放送から1年余り経過したある日のこと、取材へ駆り立てられる扉が開かれます。そしてこの作品にもまた「予想だにしなかった着地点」が待ち受けていました。

沖縄本島最北部の国頭村《くにがみそん》と東村《ひがしそん》に広がる米軍施設、北部訓練場。２０１6年10月18日、ヘリコプター着陸帯（ヘリパッド）の建設工事が進むゲート前でフェンスの向こうに立っている機動隊員が、抗議する住民側に向かって大阪弁で毒づきました。そしてはっきりと聞き取れる声でこう言い放ちます。「どこつかんどんじゃ、このボケ、土人が……」。

その瞬間を小説家の目取真俊《めどるましゅん》さんが撮影していました。彼は長年、米軍基地反対運動に関わり、毎日、その様子を写真や動画をつけて自身のブログにあげていました。差別的発言を捉えたその映像は、沖縄の地元放送局から全国へ報じられることになります。

その翌々日、ＭＢＳは午後帯の情報番組『ちちんぷいぷい』で「土人発言」を取り上げ、戦前の沖縄の過酷な歴史にも触れて詳しく報じました。

とりわけツイッターで「出張ご苦労様」と隊員をねぎらった大阪維新の会代表の松井一郎知事についても、落語家の桂《かつら》南光さんが「大阪の人間はみんなこんな人間ではない。沖縄の皆さんに申し訳ない」と発言し、番組は土人発言とその後の擁護発言は「おかしい」という論調でまとまっていました。

ところが、松井知事が会見でMBSを突き上げます。「機動隊員の顔を晒して攻撃するのがMBS」「そもそも混乱を引き起こしているのはどちらなのか」と。いわゆる「どっちもどっち」論を前面に打ち出し、国家権力が大量の機動隊を投入して強行している工事と、それに反対する地元住民という双方の関係を見えにくくしました。基地反対派のほうに非がある空気が作り出されていったのです。

さらに沖縄及び北方対策の特命担当大臣だった鶴《つる》保《ほ》庸介《ようすけ》議員（和歌山選挙区）も「差別と断定することはできない」と発言、安倍政権はこれを容認し、「差別用語かどうか、一義的に述べることは困難」という趣旨の閣議決定までしました。差別に毅然《きぜん》と対処する姿勢を公人の側が見せなかったのです。

視聴者から届く声は当初、「土人やシナ人といった言葉にみんな怒ってる」「知事の発言がおかしい」と機動隊側を批判する意見だったのに、しだいに「基地反対派がもっとひどいことを言っている」「過激な暴力集団」と反対派を決めつけ、集中砲火を浴びせる内容へ染まっていきます。

基地反対派へ殺到する批判

ＭＢＳ視聴者センターに寄せられた批判意見の一部を紹介します。

向こうにいる人間は沖縄人じゃないんや。朝鮮人かシナ人やろうが。くそたれめ。国益を考えて放送してるんか。（男性）

先に基地ができたんやで。なに反対してるんやって話やん。おまえら知らんのか。（男性）

ひどいのは反対派です。地上波で流さないのはなぜでしょうか。これを見てください。（ユーチューブのＵＲＬを記す）機動隊が気の毒です。公平に報道してください。（女性）

ネットで調べたら反対派の人が勝手に座り込みしたり救急車を止めたり地元民を道路で検閲したり、むちゃくちゃしている現実がある。なぜそれを報じないのか。１時間でもネッ

トで調べたらわかることなのに、調べる能力がない無能の放送局なのか。（男性）

「ネットで調べたらわかる」「ネットで調べろ」。これら多数の意見に対し、取材者の私は面食らいます。「現地へ行って調べろ」というなら理解できます。けれど、そう書く人は、皆無です。皆が口を揃《そろ》え「ネットに真実がある」と訴えかけているようでした。

「ネットで調べたら反対派の人が（中略）救急車を止めたり」という記述に見られるように、すでにこの時、「基地反対派が患者を搬送する救急車を無理やり止めて妨害した」という根も葉もないデマが拡散していたのです。こうして反対派住民を非難する意見が7割以上を占めてゆきます。公人たちの言動が人びとの感情を煽《あお》り、基地反対運動に対する攻撃が燃え盛っていくかに見えました。

「機動隊を偏向報道から護《まも》るデモ」を見て

沖縄に関する虚実ないまぜの言説が溢れかえるさなかの11月3日、大阪市内でひとつの集会が開かれ、政治家からの祝電が次々披露されました。そのひとりは自民党の長尾敬衆院議員。あの「文化芸術懇話会」で「沖縄のメディアは左翼勢力に乗っ取られている」と述べた人物で、機動隊を激励し、その人権を守ると宣言していました。

司会者がいる正面の壁には「沖縄に派遣された機動隊員への人権侵害～職業差別はヘイトスピーチ～」と書かれた横断幕が貼られています。ここで指摘しておくと、ヘイトスピーチとは、特定の人種や民族など、マイノリティに対して憎悪を扇動する表現のことを指します。ですから、マジョリティである国家権力に属する警察の屈強な機動隊員がヘイトスピーチに遭うというのは、土台おかしな言い回しです。

会場ではユーチューブの動画を上映し、基地反対派の「暴力」について語り合った後、「機動隊を偏向報道から護るデモ」に参加者たちが出発します。「機動隊の皆様ありがとう」と書かれたプラカードを掲げる人たちを、私はじっと見つめていました。

この人たちは、いったいどこから集まってきたのでしょうか。デモ隊を誘導する警察官たちも道路脇の持ち場についています。

先頭に立った背広姿の男性は、この集会とデモの呼びかけ人、福岡県行橋《ゆくはし》市の市議会議員小坪慎也氏です。福岡から駆けつけていました。

「警察官の皆様、いつも治安を守ってくださり、ありがとう！」
「沖縄で機動隊員は暴力に晒されています！」

警察官へのエールを連呼する約100人の市民と彼らを警備する警察官たちが一体となって見えるデモ行進。私はひとり小さなカメラを手に後を追って撮影しながら、言いようのない違和感を覚えます。

公人である警察官のその同僚が民間人に差別発言をしたという致命的行為を脇に置いて、沖縄の側にあたかも問題があるように喧伝《けんでん》する人びとが列をなしている。通常、公務員は、基本的人権を掲げる憲法を守り、差別を排する職責にある立場のはずです。なのに目の前の隊列は「土人発言」を容認し、基地反対派の住民を非難している。その様子を撮影しながら沖縄出身者の多い大阪でこんな情景に出会うなんてと沈鬱な気持ちになります。

さらに、胸に突き刺さったのが、横断歩道でデモ隊が立ち止まった時、インタビューした通行人の女性の言葉です。いわゆる大阪のおばちゃんの、その発言は衝撃でした。

「知事も言ってたけど、（機動隊員に）暴言を吐いている人たちのほうがひどい。私だって、客からクレームつけられたら、そりゃ言い返すわ！　私らネットからも情報を得てるしー」

その女性は松井知事と同じように機動隊員に寄り添って感想を述べたのです。

機動隊員と住民、つまり公人と民間人という関係を、店員と客になぞらえて語ったこの女性。明らかに存在する力の不均衡、非対称性が無視されています。国家権力とは何か、という感覚もほぼないのかもしれません。しかも沖縄の戦後の歴史や歩みがまったく理解されていない、知られていないその事実に愕然とします。戦後、沖縄は1972年まで米軍占領下に置かれ、基本的人権すら保障されませんでした。沖縄が日本に復帰した後も、本土にあった米軍基地が次々に沖縄県内へ移設され、在日米軍施設の70％がいまも沖縄に集中します。国土面積ではたったの0・6％なのに、です。

米軍北部訓練場で新たなヘリパッド建設に反対の声があがり、その反対運動が激しさを増すにつれて、全国から機動隊員が大量に派遣されて工事が強行されてゆく。もし、自分が住む町で危険な軍事施設の建設が始まり、地元以外の全国各地から機動隊がこぞってやってきて市民運動を弾圧したらどう思うでしょうか。そもそも反対運動の原因を作り、暴力的な振る舞いをしているのは、どちらなのでしょうか。

沖縄県民の民意に目をつぶり、権力が暴走して住民に牙をむく。その構造を見えにくくする。民主主義に反する行為をごまかす詭弁《きべん》が弄されているとしか思えません。公人が意図的に発した「どっちもどっち」論、その波及効果を目の当たりにしたこの日、すぐに沖縄の現地取材をしなくては、と心に決めたのです。

目取真俊さんからの痛烈な批判

いま振り返っても「どっちもどっち」と「ルールを守れ！」の大合唱で住民側を責め立てる

事態になったことは、心かき乱される出来事です。「土人」という暴言を浴びた目取真俊さんが、私たちに述べた批判も忘れることができません。大阪の人びとに対し、厳しい口調で次のように投げかけました。

法治国家だったら、選挙というルール守ってくださいよ。地方自治というルール守ってくださいよ。憲法という、国民はみな平等に権利と義務を負っているというルール守ってくださいよ。大阪は1パーセントも基地がないわけだから、憲法にある平等原則、公平原則を守って、47分の1の基地を引き取るのがルールだと思いますよ。自分たちはルール守らないで沖縄に一方的に押し付けて、何がルール守れ、あなたルール守っているんですか、大阪府民は。圧倒的な不条理、不合理な状況を生み出しておいて、ルール守れというのは、一切抵抗するなというのと一緒ですよ。ルール守れませんよ。守れないからこんな状況になっているんであって。ルール守ったら沖縄の基地問題は解決するんですか。自分は第三者的な立場にいて、あたかもルールを守っているかのように言うんだけど、第三者じゃないんですよ。あなた自身が、沖縄に基地を押し付けているんです。沖縄のことを自分たちの都合のよいように捻《ね》じ曲げて、事実を伝えないというのも、全部欲望の表れだと思いますよ。現状を維持したいだけの話です。

再び、沖縄の現地へ

話をもとに戻します。さっそく新しい企画書をプロデューサーの澤田に見せて、島田カメラマンと再度、沖縄入りしたいと希望すると「よし、沖縄をテーマにやろう」と即座に決まったと記憶しています。

その後、企画書について澤田からメールが届きます。沖縄県民の「声」をめぐって、大量のデマがその声をかき消し、本土から見れば少数のそれらの声が届かない社会なのではないか、私がそう記した箇所に触れ、テーマは「民主主義」ではないかと明快に指摘してくれました。

【テーマの確認】基地建設をめぐって先鋭的対立が生じている沖縄をめぐる、抵抗と弾圧。それを取り巻く様々な〈ことば＝言論〉を通して、現代ニッポンの〈病理〉を見、さらにその先に〈民主主義〉を考える。これは沖縄だけの問題か？　いまを生きる私たちの社会全体の問題ではありませんか？　そんなメッセージを伝えうる番組になればと思います。

このころ、MBS本社7階フロアの映像チームの部屋には、「沖縄文庫」と呼んでいる書棚がありました。平和運動家の阿波根《あはごん》昌鴻《しょうこう》さんの『米軍と農民』『写真記録　人間の住んでいる島』、沖縄戦の艦砲射撃の激しさを描写した『鉄の暴風』など、沖縄関連の書籍が並んでいて、皆でよく語り合っていました。

この時の撮影メンバーは、島田カメラマンと助手の杉澤亜美です。当時の取材スケジュール表を引っ張り出すと、沖縄出張の日程はまず、11月15～18日、同月26～30日、12月17～24日、1月10～13日、計4回、21日間に及んでいます。

取材期間中、絶句するしかない出来事がふたつ起きます。ひとつは12月13日、米軍輸送機オスプレイが名護市沖に墜落（米軍発表は着水・不時着）した事故。『なぜペン』の時もヘリ墜落（米軍発表は激しく着陸）に遭遇しましたが、この時も「偶発的な大事故」を番組に盛り込むことになります。

もうひとつは、年明けの1月2日に東京メトロポリタンテレビジョン（TOKYO MX）が『ニュース女子』という番組内で基地問題特集を放送したこと。沖縄の人びとを愚弄する『ニュース女子』取材チームと私たちは、同時期にほぼ同地点を取材していたわけです。いま思い出しても、まさか、の出来事でした。

「過激派」に仕立て上げられる

2回目に沖縄入りした11月26日、名護市内のホテルで私たちは、ひとりの男性と待ち合わせしていました。普天間飛行場近くから高江や辺野古に通っている作業療法士の泰真実《やすまこと》さんです。当時、泰さんは、ネット上で「沖縄極左」「プロ市民」と名指しされていました。Tシャツに帽子のつばを後ろにしてかぶるいつものスタイルでやってきた泰さん。初めて会った時、私も泰さんも緊張して腹を探り合っていたようです。

「大阪のテレビ局の人間を信用しても大丈夫か」と泰さんは心配だったらしく、いっぽう、私は「やっぱり何か裏のある人物だったらどうしよう」と勘繰って取材を始めていました。後日この時の心境をお互い打ち明けて大笑いしましたが、当時はとにかく慎重に取材を進めていました。たとえば、沖縄の作業療法士会の会長にも取材を申し入れ、泰さんがどのような人物か詳しく聞いたり、認知症高齢者が医療現場で手足を紐《ひも》で縛られないような取り組みをしてきたと紹介されている記事を見つけると、書いた記者に連絡を取ったり。いずれも「裏ドリ」取材です。仕事上の業績だけでなく、プライベートについても根掘り葉掘り。いま思い起こすとまったく失礼な話です。恥ずかしくなります。

異口同音に関係者も証言してくれたのですが、とにかく仕事一筋、昔から市民運動に関わっていたわけではなかったとのこと。2012年にオスプレイ強行配備に反対する抗議活動が行われた普天間基地の前をたまたま通りかかり、高齢者たちが必死に座り込んで抗議する姿を見て「ほっとけなかっただけなんです」と泰さんは話しました。

ところが、辺野古や高江に通うようになってしばらくすると、勤務先の病院に脅迫めいた文書が届くようになります。泰さんの名前を挙げて、１９７０年代を中心に、農民が空港建設に激しく抵抗した千葉県の成田闘争に加わった過激派だと書かれていました。そして「小生の周りでは同病院の利用を止めた等と同病院に対する批判が頻繁にあります」と脅し文句のような言葉が続いていました。

泰さんは職場で、高齢者といつも接しています。入院する高齢者から凄絶な沖縄戦の話を直接聞くことも少なくありませんでした。家族には話せなかったがあなたに聞いてほしい、そんな人もいます。戦闘機の音を聞いたとたん、多数の遺体が重なり合う凄惨な戦場がまぶたに蘇《よみがえ》り、心的外傷後ストレス障害（ＰＴＳＤ）に苦しむ高齢者が多くいると言います。

泰さんはホテルの一室で話し続けました。

「私、正直、成田に1回も行ったことがないのに、過激派に仕立て上げられていくんです」

「高齢者の頭の上を戦闘機飛ばさないでくれ……ただそれだけです」

成田闘争が何かも知らなかったという泰さん。「狙われた理由に心当たりは？」と聞くと、辺野古や高江で反対運動の中心にいた沖縄平和運動センター元議長の山城博治《ひろじ》さんのそばで、歌を歌ったからではないか、と言います。

「歌ですか？」、私は思わず聞き返しました。

歌が得意な泰さん。ゲート前では、よく「歌って！」と頼まれたそうです。

沖縄のみちは沖縄が拓《ひら》く、戦ゆをこばみ平和に生きるため、今こそ立ち上がろう

そんな歌詞が続く『沖縄今こそ立ち上がろう』や『沖縄を返せ』など沖縄人が好きな曲をリクエストされました。

辺野古でも高江でもゲート前の光景として全国の視聴者がよく目にするのは、「座り込み」する人たちを機動隊員らが囲んで繰り広げられる激しいシーンです。反対運動をする人たちは、土砂や機材を運ぶトラックなどの工事車両を阻止しようと米軍施設のゲート前に集結し、機動隊が「排除」する様子は「ゴボウ抜き」と呼ばれます。一人ひとりがゴボウのように引っこ抜かれて運ばれてゆく場面は、一日中続いているわけではなく、実際には短い、限られた時間だけ。残りのほとんどは歌を歌ったり、スピーチしたりして励まし合い、のんびり過ごします。そこでは参加者を励ます歌が欠かせません。

泰さんは、沖縄生まれです。卒業した那覇高校ではサッカー部に所属、新聞配達をしながら苦学して作業療法士の資格を得ました。

ネット上では、高江に通じる県道で通行を制止された時、無言を通す機動隊員の帽子を取っ

て抗議したその映像が「暴力」の証拠として拡散されます。見ず知らずの人たちから「過激派」とレッテルを貼られ、さも金目当てでやっている、純粋な沖縄人じゃないと色づけされました。反対派は過激な活動家だらけというネット言説が見事に作り上げられていたのです。

泰さんはじめ、米軍基地建設にやむにやまれず抵抗する人びとの姿とその内面を描きさえすれば、「基地反対派は県外の過激な人びと」「プロ市民」というデマを大方はひっくり返せるのではないか、当初はそう目算しました。ところが後日、「デマ」自体の検証をせざるを得なくなる事態が訪れます。

「ものを言わないことも政治的」

沖縄北部の山地を意味する「やんばる」。ヘリパッド建設が進む東村高江から車で30分余りの距離にある大宜味村《おおぎみそん》も、やんばるの集落のひとつです。

夜明け前の暗闇の畑で、黙々と大根を収穫する男性に出会います。頭につけた豆電灯で手元を照らし作業するのは、農家の儀保《ぎぼ》昇さん。起床は朝4時半です。『沖縄　さまよう木霊』の主人公とも言える儀保さんは、高江のゲート前に座り込みに行くため、日が昇る前から畑に出ます。さらに自分の昼ご飯、炒《いた》めたショウガ入りお握りを用意して出かけていました。

『沖縄　さまよう木霊』高江のゲート前で儀保昇さんたちが座り込み（2016年）

朝一番にゲート前へ着くと、座り込みがしやすいよう、長い板を何本も道路に置く作業にかかります。そして機動隊員たちが集まっている前へシットイン。もう10年以上続けています。やんばるの森にヘリパッドはいらない、工事を中止してほしい、その一心で抗議を続けてきました。

儀保さんと妻の由美子さんは、沖縄県の元職員です。すでに社会人になったふたりの実子の他に、身寄りのない里子を6人育ててきました。自宅の居間に、大勢の子どもと一緒に映った写真が飾られています。

「基地反対派は過激な暴力集団、しかも沖縄人じゃない、そう騒がれていますが……」

申し訳なく感じながら私が聞くと、少し間を置いて、

「デマのおかげで、運動から手を引くということに

なるんだったら、これまで生きてきたものが何だったか、わからなくなるから……」

とつとつと静かに言葉が続きます。ネットの書き込みは見たことがないし、見ようとも思わない。それでなくても忙しい。そう語る儀保さん、確かに広い畑での作業の他にも、手作りのエサで飼育する数十羽の鶏の世話と卵の出荷に追われ、パソコンをチェックする暇はなさそうです。時々、頭上をオスプレイが飛行します。辺野古の新基地や高江のヘリパッドが整備されればそれだけ飛行回数が多くなり、我が家も平穏な暮らしが奪われると話しました。米軍基地をなくすために汗をかくのは、儀保さんにとって不条理にやむなく抗《あらが》う、人生の一部のように思えました。

由美子さんは、そんな夫を心配しつつも、頑張ってほしいと胸の内を語ります。

「機動隊とやり合っているのを見たら怖いんですよ。逮捕されるんじゃないか、そこまでやらんでいいという自分もいるけど、火の粉が自分の身に降りかかってきたら怖いけど、でもやってほしい部分もある。(反対運動に)行けない人のために……」

12月22日、口数の少ない儀保さんが、オスプレイ墜落に対する緊急抗議集会(名護市21世紀の森屋内運動場に約4200人参加。主催者発表)でスピーチすることになりました。同日に行われた日本政府主催の米軍北部訓練場の返還式典を欠席した翁長知事も抗議集会に登壇しました。続いた儀保さんの訴えかけは、参加者たちの心をひとつにします。

「皆さん、こんばんは。（拍手）4000ヘクタールの土地を返すんだから感謝しろと言わんばかりの政府の式典に翁長知事が出席しなくて本当によかった。（拍手）返還するといっても、あの土地はもともとウチナーンチュ（沖縄県民）のものです。（拍手）ウチナーンチュはあの土地を提供した覚えはまったくありません。（拍手）この間、政府によって4万トンもの砂利が運び込まれてしまった、あの森はもう元には戻りません。政府の破壊行為に心から怒りを覚えます。（拍手）私たちは基地がある限り、非暴力、不服従、そして直接行動によって、闘い続けましょう。（拍手）ありがとうございます」

しばらく、大きな拍手がやみませんでした。

儀保さんが、私たちに語ってくれたこと。運動の最前線に立つと周囲から「政治的だ」という声が聞こえてきますが、と尋ねた時のその言葉は決して忘れることができません。

「政治的でないことが世の中にあるなら教えてほしい。全部政治的です。食の問題も何もかも政治です。それを政治的と言うなら、けっこうです」

そして、きっぱりと、こう結びます。

「つまり、モノを言わないことが政治的なんですよ、十分に」

ダンマリを決めて安全地帯に逃げるのも、政治的立場の表明ですよ。儀保さんは正鵠《せいこく》を射るように言ったのです。中立のフリをしてモノを言わないことは政治的中立でも何でもない。現政権とその政策を支持・容認する立場にいるにすぎない。つまり、モノを言わない本土のあなたは、沖縄に新しく増設される米軍基地の賛同者に等しいのですよ、と。

放送史の汚点となった『ニュース女子』沖縄基地特集

これまで触れてきたように、基地反対派が救急車を妨害したというネット上のデマに関しては私も気になったので、泰さんをはじめＳＮＳを使っている住民たちに何回も確認して回りました。すると、「あれは、みんなもうデマと知ってるし」「ひどい情報を流す奴《やつ》がいるもんだなあ」「ほっといたらいいよ。消防もそんな事実は認めてないし」と目くじらを立てるどころか呆れ返って、気にも留めないでいる様子。座り込みに通う人たちは一様に、「消防も否定している」と語りました。

そうなのか、デマだと否定されて終わっている話ならば、あらためて掘り起こす問題じゃないなと考えます。消えかけている火に油を注ぐような真似《まね》はしたくないし、「鎮火してるなら、そっとしておこう」、いったんはそう判断していたのです。

ところが、この「救急車妨害デマ」を検証する取材へ走り回ることになります。このデマが「事実」として地上波で放送されたからです。

「基地反対派は過激で危険、テロリストみたい」。いくつもの沖縄デマとヘイトが放送の世界に躍り出たのがTOKYO MXの情報バラエティー番組『ニュース女子』でした。新年2日に放送されたこの番組の沖縄基地特集を目にした時のショックはすさまじく、驚天動地とはまさにこのことでした。

沖縄戦で人間の残酷さを浴びるほど見て「平和の島に」と願っている高齢者たちを、寄ってたかって貶めて嗤《わら》う人びとを見せつけられたのと同じぐらい背筋が凍り付き、怒りがこみ上げました。

TOKYO MXがウェブサイトに載せていた『ニュース女子』の番組紹介文はこうです。

「物知りな男はカッコいい！ ここは、ニュースを良く知る男性とニュースをもっと良く知りたい女性が集う、大人の社交場」

番組のテイストは情報バラエティー、笑いを引き出すテクニックはお手のものでしょう。実際、時事問題に長《た》けたコメンテーターの男性陣が世間知らずな若い女性たちに社会について教えてあげるよ、という演出で進行し、男性の話を聴いている「女子」たちは「へ～そうなんですか～！」と声高に相づちを連発します。男性目線というかオッサン感覚で制作されていると感じるこの番組は、ジェンダー平等の観点からも問題を含んでいます。

沖縄の基地特集では、軍事ジャーナリストと称する井上和彦氏が東村高江などで抗議活動中の基地反対派は危険だとリポートし続けるVTRを流し、スタジオトークを展開していました。

井上氏のリポートは、たとえば次のような内容です。

「いました、いました。反対運動の連中がですね、カメラを向けているとですね、もうアイツだみたいな感じで、こっちのほうを見ています」「このへんの運動家の人たちが襲撃をしに来るということを言っているんですよね」

続いて「このまま突っ込んで襲撃されないですか？」とナレーションが流れた後、「近づいたら危ない危ない」とスタッフの声が挿入されます。そして「危険と判断し、いったん撤収」と大げさな演出でこの場面をしめるのです（これらは事実に反する内容です）。

TOKYO MXは制作自体にはまったくタッチしていません。が、考査を通過して放送しており、放送責任が生じるのは言うまでもありません。スポンサーの化粧品大手DHCが、その傘下にある制作会社DHCテレビジョン（番組放送当時DHCシアター）を使って完成させた作品（完パケ）を納品して放送するという、いわゆる「持ち込み番組」でした。

「救急車を妨害した」というデマに触れるリポーターの井上氏と一緒に出演して答える地元住民の依田啓示《よだけいじ》氏、ふたりがやりとりする場面を再録します。反対運動が続いていることについて、こう説明します。

依田氏「抗議団体がもういま命がけで止めたろうということで、先鋭化しちゃっている」

「僕ら村民の、日々の生活がですね、一切もう止まってしまうくらいですね、その公道にどんどん車を違法に駐車して、何十台も重ねて、対向車線に止めたりとかですね。つまりふつうに自分の畑に行きたいという人が通れない」

井上氏「救急車も止めたとかいう話もあるんですか」

依田氏「それはあります」「防衛局、機動隊の人が暴力を振るわれているので、その救急車を止めて、現場に急行できない事態が、しばらく、ずーっと続いていたんです」

井上氏「テロリストみたいじゃないですか」

依田氏「僕はテロリストと言っても全然大げさじゃないと思います」

繰り返しますが、私がもうデマだと明らかになった話と理解していた「救急車妨害」が、反対派が過激で危険であるとする根拠に使われていたのです。これには本当にびっくりしました。なぜなら、現場でふつうに取材すれば、すぐ信用に値しない情報とわかるからです。あえて取材を尽くさないところには悪意があるとしか思えませんでした。

飛行機は待ってくれない、けれども

『ニュース女子』の放送を受け、いよいよラストの沖縄出張へ。放送日のある月は、ふつうあまり取材を入れません。映像素材のプレビュー、構成の練り直しと編集、MA（音の調整）作業などが目白押しのため、取材は終了していなければいけない段階です。しかし、『なぜペン』同様、放送日が近づくなか、タイトなスケジュールを組みました。いまその取材スケジュール表を見ても、ぞっとします。よくもまあ、放送日直前にこんなにも取材を詰め込むなんて。

1月10日、大阪国際（伊丹）空港から第一便でフライトするにあたり、通常はカメラクルーと一緒に本社から出発するのに、この日は自宅からタクシーで向かいました。これが大失敗。乗車したタクシーの運転手が道を間違えて渋滞に突っ込み、動かなくなります。それでも余裕をもって家を出ていたので、ギリギリ間に合うと踏んでいました。

ようやく空港に到着、ダッシュでエスカレーターを駆け上がり、搭乗手続きのゲートへ。あ、島田カメラマンがいる、あとわずか10m、間に合ったあ！と思った矢先、女性従業員が立ちはだかり、「たったいま、締め切りました。ご搭乗いただけません」と冷たく言い放つのです。「いやいや。あそこに会社の同僚たちがいます。この便に乗らないと取材ができないんです!!」、思わず絶叫していました。確かに数秒遅かったのでしょう、厳格な従業員は、私が何度懇願しても聞き入れてくれませんでした。

出張で飛行機に乗り遅れるなんて入社以来初めてのこと。沖縄取材はハプニングがつきもの、と自身を慰めつつ、島田カメラマンには「先に目的地へ移動し撮影を始めておいてください。

次の便で追いかけます」とメール。次の便を待つ時間がなんと長かったことか。

最初の目的地は、那覇空港から車で走り続けること約2時間半、国頭郡国頭村辺土名《へんとな》にある国頭地区行政事務組合消防本部です。東村高江地区を管轄する消防署長がいる本部。後から追いかけた私は、なかなか到着しない消防本部に「最北端なのか？」と歯ぎしりするほど焦りました。

いっぽう、島田と助手の杉澤は、消防本部の建物を車で移動しながら、あるいは遠くに三脚を立ててアングルに変化をつけながら撮っていました。

「ディレクターがいない時のほうがうまくいくんですよ。何度も車を走らせたり、場所を探したり、満足ゆくまで撮れました」と島田から後日聞いた時は苦笑したものです。確かに私がいたら次のスケジュールを気にして急がせたかもしれません。ディレクターなしで撮影されたこの時の消防本部の映像は期待通り、コマーシャル前の重要なシーンにぴったりはまり、効果抜群でした。「自由度」が大きい時こそ、信頼できる報道カメラマンは優れた仕事をしてくれる。経験則から言えることです。

私は到着してすぐ消防署長の辺土名朝英氏にインタビューを申し込みますが、撮影についてはきっぱり拒まれます。反対派が救急車を止めたり、遅らせたりする妨害行為は一切なかったと否定し、記録などからはっきりしていると話だけはしてくれました。

何度もインタビューを取りたいと頼み込みますが、『ニュース女子』を見ていない署長は、そもそもデマなんかにつきあいたくないし、関西弁で言えば「アホらしい」という素振り。必死に説得を試みる私を怪訝《けげん》そうに見ていたことでしょう。

大阪からやってきた私たちを気遣ってか、署員は救急車のサイレンを点検する場面の撮影を了承してくれました。赤色灯がくるくる回る救急車の撮影を終えるとすぐに移動。救急車デマの発信者を捕まえようと考えたのです。

「救急車デマ」と看護師

ふたりの男性がどうもデマの流布に関わっているらしい。事前のリサーチから見えていました。そのひとりは病院に勤務する看護師。フェイスブックの写真や紹介文によれば、東日本大震災時に被災地の岩手県に赴いて災害看護に従事したそうです。私がイメージしていたデマ発信者の姿とはまったく異なる、ごく身近にいそうな人物です。

男性が働く病院に到着し、緑に囲まれる広々とした病棟の周囲を歩いて、ため息がこぼれます。出入口がいくつもあり、外で待ったとしても男性に会える可能性はゼロに近いと直感しました。小さな病院であれば、直撃取材ができたかもしれません。すぐに方針を変更、思い切って病院に電話を入れました。男性の名前を告げると本人が電話口に。しかも、病院側がＯＫするなら会って取材を受けてもいい、と言ったのです。しかし、病院はＯＫしません。予想された展開です。急いでホテルに戻り、電話によるインタビューをする準備をして再度、男性と電話でやりとりしました。

この男性は、２０１６年10月３日、フェイスブックで次のように発信しています。

事実だけを述べると、救急車も反対派の方々に止められています。なかには、患者さんを乗せて救急搬送している途中の救急車を止められ、勝手にドアを開けられ、携帯で撮影しながら「誰を乗せているか!?」と無断で車内に入ろうとされました。

この発信後、車体のへこんだ救急車の写真に音声をかぶせた動画がアップロードされました。男性看護師とは別人と思われますが、こんなリポートをします。

沖縄、高江へリパッドの過激派が救急車を襲撃し、批判殺到ということでやらせていただきます。今回はどうやら救急車まで襲撃をして、救急活動中の救急車を無理やり止めてですね、ドアを勝手に開けて内部に侵入し、誰を乗せているんだと取り囲んだとされておりまして。（動画の音声）

錯覚を狙っているのか、よく見ると広島県の「尾道消防署」と車体にあります。交通事故で破損した車。動画はしばらくしてから「写真はあくまでイメージ」と説明しますが、「襲撃された救急車」という視覚効果が強く残ります。

当時、反対運動をする人たちも、この情報をキャッチして確認へ動きました。消防本部は隊員たちから聞き取り調査を行って、「救急車への妨害行為は一切なかった」と、発信されたフェイスブックの内容を否定。「消防本部は否定している」という情報をツイッターで流す人も出ていました。

男性は数日後、フェイスブックで訂正します。あれは「聞いた話」だったと情報を打ち消し、「軽はずみなコメントで誤解を与えた」と謝罪もしました。取材に対して男性は、次のように釈明しました。

「聞いた時にはそういうことが事実であれば許しがたいかなという気持ちはもちろん、医療従事者ですから、そんなことがあれば誰だってそう思うと思うんですけど」

――それが事実かどうかは確認されなかったんですか……。

「そうですね。してないです。なので、これは言うなれば、僕のたわ言になってます」

――どなたからお聞きになられた話だったんでしょうか。

「それはもう、ちょっと、相手方のこともありますので、申し上げるわけにはいきません。軽はずみな発言は、こういう世界ではしてはいけないとつくづく反省をしています」

どことなく軽い調子に感じます。「ネット社会ではよくあること」、そんな認識かもしれません。しかし、いったん流布された言説は、消えるどころかどんどん拡散し、本当らしく見えてきます。

そしてもうひとり、『ニュース女子』に出演して「救急車を止めて、現場に急行できない事態が、しばらく、ずーっと続いていたんです」「僕はテロリストと言っても全然大げさじゃないと思います」と語っていた人物に連絡を入れました。

政界に進出する発信者のオーナー

ここで時計の針を少し戻し、『ニュース女子』に出演したこの男性との接点に触れておきます。今回の番組取材で初めて東村へ取材に入った11月、私たちは、海沿いにあるしゃれたペンションに宿泊します。無農薬の食材を使い環境に配慮しているとPRする「カナンスローファーム」、都会的な雰囲気が漂う宿です。夜は、オーナーが若い宿泊者たちと談笑していました。

いまはもう廃業しているこのペンションのオーナーが、偶然にも『ニュース女子』に出演した依田啓示氏その人だったのです。関西生まれで沖縄へ移住、英語が得意なやり手の起業家です。頭の回転が速いと評判でした。

彼はある時、基地反対派とトラブルになり、男女ふたりを殴ってケガを負わせます（後に傷害罪で罰金刑）。それ以降、反対派の人たちに嫌悪感を持ち、基地反対運動を詳細に報じる地元2紙にもネガティブな感情が芽生えたのでしょう。

こうした事情を把握できた時点で、意趣返しではないかと想像しました。起業家なので発信力は抜群です。彼は『ニュース女子』に出演後、ネット上で次のように呼びかけました。

「ニュース女子」の放送後の反応で、少し情けないのが、報道を猛烈に批判する識者や同業者（社）のみなさんが、これら明らかな犯罪行為について完全に見ぬフリをしてきたクセに、保守系メディアが事実を初めて伝えた途端、「嘘《うそ》だ！　デマだ！」と叫び始めたこと。（中略）

10名に上る逮捕者が発生している犯罪行為に目をつむり、ついには「人権弾圧だ！　不当逮捕だ！」と開き直り始めました。

完全に無関係の僕まで取り囲まれ、車の通行を妨害され、威嚇され、結果的に暴力事件に

発展しても、なんにも報道してくれなかった!（中略）
「ニュース女子」が「反対」側の意見を取材せず、一方的なネットレベル（ごとき）の意見を鵜呑みにした二流ジャーナリストで構成されていると言いますが、それでは、あなた方はいつから「一流」になったのですか? またネット界の「言論」をバカにしときながら、自陣に有益なものはネットで拾っているではないですか?（中略）
僕は、もう二度と自称平和メディアの「犠牲」にはならない!

依田氏のこれらの指摘の中で、私もその通りだと一部思える点があります。

確かに公務執行妨害罪などにより基地反対運動をする人たちの側に逮捕者が多数出ていました。平和運動のリーダー山城博治氏も器物損壊や威力業務妨害、傷害など複数の容疑で逮捕、起訴され、名護警察署に5か月にわたり勾留されました。そのことを地元紙は大きく報じています。

付言すれば、当然法律は守るべきです。いっぽうで、国家権力が強権を発動すれば、微罪の適用であっても民間人を次々逮捕できます。何も民主化運動が弾圧されている香港《ホンコン》やミャンマーに限った話ではありません。いつの時代もどこの国でも、同じです。それは政治と歴史が物語るもの。ですから、国家権力や公権力（機動隊）と民衆（基地反対運動をする人びと）は「どっちもどっち」ではありません。紛れもなく、非対称の関係です。

憲法が保障する基本的人権を侵害されたり、尊厳を踏みにじられたりしてはいけない対象は、民衆である人びとのほうです。高江や辺野古では、国家権力が暴走して、まるで中国政府を真似るかのように人びとを追い詰めたのではないでしょうか。

法学者の間では「地方自治」を根幹から揺るがす工事を強行し続ける日本政府こそ法律順守の姿勢に欠けるではないか、との声があがっていました。翁長知事も「これでは、地方自治が死んでしまう」（2016年8月5日）、「安全で安心な沖縄の未来を自らの意思で描くためには、地方自治を保障する憲法の理念を十分に理解し、尊重することが重要だ」（2017年5月3日）と強調します。

そしてもう一点は「自陣に有益なものはネットで拾っているではないですか？」について。テレビ現場の一部はその通りです。年々、ユーチューブなどのネット動画に依拠した番組が増えています。ネットで調べるだけで現場取材をしようともしない、専門家から多角的意見も聞かない、いわば取材行為の鉄則を外したその結果が『ニュース女子』の放送を生んだと言えます。

私たちは依田氏に「あなたのペンションに宿泊したことがある」と伝え、取材をお願いしました。するとすぐ快諾の返事があり、翌1月13日、彼が経営するペンションを訪ねました。1

階の奥のテーブルでインタビューをセッティング、会話は和やかに始まります。宿泊した時にお世話になったパートナーもそばにいました。

こちらの質問に対し、なめらかに語り続ける依田氏。番組に盛り込んだ部分をナレーションも併せて記します。

そして、いまなお「反対派が救急車を妨害した」と主張する住民に、その根拠を尋ねました。

住民は、自分の車も反対派に止められ、不快な思いをしたと訴えました。

「救急車のそこに出動して向かう先に行けなかったっていう、遅れて到着したのは事実で、それに関してはもう数人から確認してますから、これはもう間違いないです」

――それは反対派の妨害によって？

「そうです。はい」

――こちらが東村の消防の副署長にお話を聞いたところ、高江での出動時の妨害行為はないとお話されたんですが……。

「これはおそらくいろんな圧力がかかったり、いろんな反発を恐れて、やっぱり本当のことが言えない人たちがいるんだと思います。なので、僕は、それは事実とはちょっと違うと思います」
――でも（消防本部の）トップの方がそうおっしゃっていたんですが……。
「はい、沖縄ではトップの人がけっこううそついたりするんですね」

一貫して饒舌《じょうぜつ》な語り、でも時々、視線が宙を漂うようにも見えます。インタビューは、和やかに終わりました。自身の畑で獲《と》れたばかりだという茹《ゆ》でたトウモロコシを何度も勧められ、取材後に頂戴しました。私たちは3人とも「美味《おい》しいですね」と丁重にお礼を伝え、急ぎ足でその日の夜に帰社しました。

数日後、依田氏が私たちの取材に関して発信したフェイスブックの投稿を沖縄の知人が知らせてくれました。非常に長文です。そのごく一部を転載します。その文章力に感心し、ぞくっとしました。虚実が入り乱れています。

みなさま　今、話題になっております東京MX局の「ニュース女子」ですが、それに対決する形で、大阪MBSがドキュメンタリー番組を放送することになりました。
僕の元にもインタビューが来て、一応「両論併記」する前提と伺っています。（中略）
今回、取材の仕方やその背景や意図が分かり、その上で、30分以上にわたったインタビューがどのように使われるか不安を感じましたので、実際の話した「内容」と「事実」について、備忘録も兼ねて書き残しておきたいと思います。（中略）

みなさまには、ぜひご一読頂き、可能な限りシェアをお願いしたいと思います。

まず、取材の電話が直接入った時点で、「番組の名前と取材の内容は電話では言えない」という非常に不思議な問い合わせから始まりました。

応じた理由は、高江の取材の時にウチの宿に泊まったことがあり、そのオーナーさんが様々な発言をされているのをネットで見て意見が聞きたいからということでした。

そうであるならと快諾して「いつですか？」と聞いたら、いきなり「明日！」ということで、現在大宜味村で取材しているから、その後にということでした。

カメラはずっと回しっぱなしで、ほとんど会話形式でしたが、高江へリパッドについてどう思っているか？という話から始まったので、以下の点、しっかり話しました。
・地元の人間で過激な抗議団体と行動を供にしている人間はほとんどいないということ。
・辺野古の工事が止まり、暇になった過激派が高江に北上し、暴れ回っていること。
・抗議団体には、様々なテロ認定団体が関係していること。主に社民系と共産系がいること。
それらを話し終わった後に、東京ＭＸの「テロリスト」と「救急車止められた」発言についていきなり聞かれました。
その時に、今までとは全く違う目つきで聞いてきたので、「来たぁ！　取材目的はそれだったんだ！」と気づいた次第です。
「テロリストという発言がありましたが、実際にはそんな人いないですよね？」「救急車が止められたことについて、地元消防の副署長は否定していますよね？」ということでした。（中略）
沖縄県民の最低50％は、中立か容認です。みんなが「反対」していて、「差別」されていて、「独立」を求めているかのような「報道」をしているのはどっちやねん？（中略）
終わりに、、、
取材中、せっかく心を込めて作った今期初物のトウモロコシがゆで上がり、何回勧めても食べないので、どうぞ！と差し出したら、「じゃあ」と一つ食べて何の感想もなし。
さりげなく宣伝しますが、カナンファームのトウモロコシは日本一美味しいと言われるもので、これまで食べたことのある人からは、必ず「美味しい！」という感動のお言葉を頂いております。今回、食べた感想がなかったのは初めてのことで、これが一番ショックでしたが、たぶん、そういった態度から、最初から敵対的な取材だったんだなぁと納得しています。

「えーっ？　なんでやねん！」、一緒にトウモロコシを食した島田は心でつぶやいたそうです。関西人らしく返すなら、まさにそう突っ込みたくなる内容。こうしてネット空間では取材プロセスが晒される対象になり、自身の正当性や主張を広く拡散させることで制作者をくじく狙いがあるかもしれません。私たちはこうして学び、これら新たな発見を「トウモロコシショック」と呼ぶようになります。

依田氏のその後です。彼は『ニュース女子』に関わり、人生観が激変したのではないでしょうか。沖縄の基地反対運動を敵視する運動で保守層からもてはやされ、虚実を混ぜたネット言論を駆使、ネット配信の番組に次々出演して注目され、自らへの支援金を集めてゆきました。そして、２０２０年６月７日投票の沖縄県議会議員選挙に無所属で立候補、「言行一致」を公約に掲げて政界進出を目指すも落選します（約１５００票獲得）。その2日後、70代の知人男性の顔を殴って引き倒し、大ケガをさせた容疑で名護警察署に逮捕されましたが、被害届が取り下げられたのか、不起訴になったということです。

職業選択の自由は誰もが持っています。沖縄県民のために働きたいという志を否定するつもりもありません。ただ、確認しておきたいのは、政治の道具として仮にもデマを利用するならば、それは極めて危険な行為だということです。これは右や左のイデオロギーとは関係ありません。民主主義社会を破壊しないための共通理解ではないでしょうか。デマやフェイクを政治に利用してはならない、歴史の教訓からも、そう断言できます。

TOKYO MXを取り上げるにあたって

さて、沖縄から大阪に戻り、番組を納品する締め切り日まで2週間足らず、怒濤《どとう》の編集作業へ突入です。今回、一緒に組んだのは、ベテラン編集マンの田中健、技術に強い理論派で議論もできる人物です。本社6階奥のブースに詰めて、激しく議論をしたりしながら映像をつないでいきます。人によると思いますが、私は編集に入ると、他のことが一切頭に入らなくなる性分。習慣で毎日、新聞に目を通しますが、この間は記事の見出しも頭に残りません。そのかわり、取材テープの映像が、大渦潮のごとくしぶきをあげて脳内に回転し続けるので、帰宅後も切り替えがきかず、夢にまで出てくることもしょっちゅうです。

そんな中、TOKYO MXの社屋前で『ニュース女子』沖縄基地特集の放送に対する抗議集会が開かれるという情報が入ってきました。私は行けそうにありません。澤田に相談すると「あ、オレ行くよ」とあっさり引き受けてくれました。

プロデューサーながらフットワークが軽く、助けられます。他にも「機動隊を偏向報道から護るデモ」を呼びかけた行橋市の小坪議員のインタビューを担当。私の沖縄取材と重なったためですが、リスクを嫌がらず、ともに引き受けてくれる姿勢が何よりの励みになりました。

ＴＯＫＹＯ ＭＸ前で「デマ報道を許さない」などと書かれたプラカードを掲げ、静かに抗議する人たち。その映像とともに『ニュース女子』の番組内容を一部引用することについては、報道出身のコンプライアンス室長にも声をかけチェックに参加してもらいました。

もちろん、放送倫理・番組向上機構（ＢＰＯ）の決定が下される前、解釈が割れるリスクもぬぐえません。そんなグレー部分を含んでも報道すべきではないか、と一致点を見出《みいだ》すことができました。同業他社を批判することに関して、消極的な姿勢の幹部であれば、違った議論になったかもしれません。この時、制作チームに集まったのは、ＭＢＳ報道に受け継がれたＤＮＡを持つ人たちばかりでした。仲間がいるからこそ、でこぼこ道を駆け抜けることができる。『映像』シリーズは、こうして作られているのです。

デマとヘイトに加担する会社と取材者たち

この年の12月、ＢＰＯの放送倫理検証委員会は、審議結果を公表し、『ニュース女子』沖縄基地特集の内容について、「ＴＯＫＹＯ ＭＸには重大な放送倫理違反があった」と認定しました。以下6点がその理由です（詳細はＢＰＯウェブサイトの意見書で読めます）。
①抗議活動を行う側に対する取材の欠如を問題としなかった。②「救急車を止めた」との放送

内容の裏付けを制作会社に確認しなかった。③「日当」という表現の裏付けの確認をしなかった。④「基地の外の」とのスーパーを放置した。⑤侮蔑的表現のチェックを怠った。⑥完パケでの考査を行わなかった。

放送直後は、「放送法及び放送基準に沿った制作内容であった」といわば開き直っていたTOKYO MXもその後、決定内容を受け入れて謝罪し、『ニュース女子』を打ち切るだけでなく、「問題ない」との姿勢を崩さないDHCテレビジョンと大スポンサーDHCとの関係を絶つ経営判断を下すことになります。この姿勢は、信頼回復への大きな一歩です。

BPO意見書を通読し、とても驚いたことがあります。それは『ニュース女子』取材チームの沖縄滞在がわずか2泊3日、リポーター井上氏に至っては1泊しかせず、1日目午後の打ち合わせから2日目午後2時ごろの帰京まで正味8時間ほどの撮影時間しかなかったことでした。リポートに立ち寄ったポイントは7つあります。

①名護市米軍キャンプシュワブ前反対派テント
②二見杉田トンネル辺野古側入口前
③辺野古の高台の公園

④名護警察署裏の名護湾と同警察署前
⑤那覇市牧志《まきし》駅前
⑥宜野湾市嘉数《かかず》高台公園
⑦普天間基地野嵩《のだけ》ゲート前

車での移動や機材の準備時間を含めてひとつの場所に平均1時間もいなかったでしょう。感心するほど効率的な取材スケジュール。ポイントごとに取材相手とのやりとりやリポート、インタビューなどをスピーディーに収録したはず。彼らが問題視した米軍北部訓練場のヘリパッド建設工事が進む東村高江の現場へは那覇から車で片道3時間はかかるため、取材に費やす時間とエリアの広さを考えると、『ニュース女子』チームは当初から高江に行くつもりはなく、直接取材するつもりもなかったとしか思えません。「マスコミが報道しない真実」と見出しだけを躍らせて制作したのでしょう。

基地反対運動を嘲《あざけ》り、愚弄するための装置ではないか。現場取材の欠如というより、意図的・悪意的ネグレクトではないかと疑います。

政治が生んでゆくネットデマ

なぜ、反対運動を嘲笑しようと考えたのでしょうか。米軍の基地建設をめぐる先鋭的な政治上の対立が大きく影響している気がしてなりません。

振り返れば、辺野古の基地建設に公約では反対だった仲井眞弘多《なかいまひろかず》知事が2013年12月、政権に懐柔されて埋め立て承認を表明します。翌年の秋、那覇市長だった翁長氏が知事選に出馬、「あらゆる手段で阻止する」と承認を撤回する姿勢を打ち出して知事に就任。しかし政権幹部は、約4か月にわたり翁長新知事との面談を拒絶、その後も「いじめ」と言えるほど冷酷な仕打ちを続けました。ネット上に「翁長氏の娘は北京大学に留学しており、夫は中国共産党の幹部」という根も葉もないデマが拡散。その流れの中で安倍政権に厳しい論調の沖縄2紙に対する「圧力発言」、百田氏の「潰せ」と「もとは田んぼ」の「デマ発言」、そして『ニュース女子』放送と、まるで1本の線でつながるようにヘイトとフェイクが続くのです。

百田氏が沖縄タイムスと琉球新報の両社に抗議されて以降も、「あの時は冗談で言ったが、いまはもう本気で潰れろと思う」と大阪や東京の集会で繰り返し、どっと笑いを取る空気感との共通点を『ニュース女子』のスタジオの嘲笑にも感じます。タレントやメディア人が国家権力に擦り寄るプロセスを見せつけられているようです。

「怪文書」の中には必ず民族ヘイトが

これらに対し、もとは自民党の県連幹事長で那覇市長の翁長知事は、銀座でのオスプレイ配備撤回を求める行進で罵声を浴びて以来、本土を覆う冷酷なヘイトを跳ねのけ、県民のために国家権力と闘い続けた保守政治家と言えます。

翁長知事が頻繁に使ったのは、「自己決定権」という言葉です。沖縄のことは沖縄で決める。沖縄の純粋な民意を歪《ゆが》めないでくれ、と。さらに「イデオロギーより、アイデンティティー」という政治方針にも県民の代表であろうとする決意が表れていました。

そうした強い姿勢を打ち出す翁長知事と知事を支える沖縄県民を分断して、「民意」や「反対運動」を弱めようと画策した司令塔がいたのかもしれません。

このように誰かを貶める言説が広がる時、いつも持ち出されるのが、民族的な差別感情です。翁長知事を「中国の手先」とするデマが広まりましたが、基地建設に反対姿勢を示していた当時の仲井眞氏も実は「中国の回し者」と言われていました。政権に寝返ったとたん、霧消したという数々のデマ。政敵を追い落とすために「怪文書」をばら撒く、昔もいまも政治の世界の慣習と言えますが、沖縄に関するネット言説は怪文書だらけです。

加えて基地反対運動は、韓国・朝鮮人が牛耳っている、その黒幕は——という民族ヘイトにひとりの女性が槍玉《やりだま》にあげられました。人材育成コンサルタントの辛淑玉《シンスゴ》さんです。『ニュース女子』で名指しされた辛さんは猛烈なバッシングに晒されました。BPOの放送人権委員会が「人権侵害であり、民族差別を助長した」と決定を下したにもかかわらず、その後もDHCテレビジョンは一切謝罪していません。辛さんが東京地裁に起こした民事訴訟の一審判決は名誉棄損を認め、DHC側に550万円の支払いと謝罪文の掲載を命じる厳しいものでした。しかし判決内容を都合よく歪曲《わいきよく》して、自社制作のネット番組『虎ノ門ニュース』で報じる始末。まったく反省の姿勢を見せずに控訴したDHCテレビの親会社DHCは、たびたび朝鮮人に対する偏見を助長する文章を公式サイト上で流し続けています。

前述のBPOの意見書の最後には、こう書かれていました。

何よりも「公正」な内容の放送でなければならない。そのためには、伝える情報の正確さの追求、裏付けの徹底、偏見の排除といった、放送人が歳月をかけて培ってきた価値観が尊重されなければならない。それこそが「公平、公正な立場」に立った放送ではなかろうか。「ポスト・トゥルース」などということばがまかり通る時代にあって、放送が言論・表現の自由を貫くためには、放送倫理の根本に立ち返って、自らが発信する情報の質を常に検証することが必要となる。放送人には、放送倫理を守り、砦《とりで》を強固なものにする不断の努力を求めたい。

高江区長の「事実を知って」という訴え

やんばるの森には希少な動植物が多く生息しています。島田カメラマンはキノボリトカゲやヤモリ、珍しい昆虫などを狙い、取材の待ち時間にせっせと撮影していました。

自然豊かな山間にある東村の高江区は、住民が140人ほどしか住んでいない、小さな集落です。区長の仲嶺《なかみね》久美子さんは、マスコミ各社から取材を頻繁に受けるようになり、疲れをにじませていました。

沖縄には「鋭角ではなく、鈍角で闘う」という県民の心情をよく表す言葉があります。米統治下で弾圧されてきた歴史から、激しく衝突するのではなく、根気よく闘い続ける心構えを表しています。しかし、高江のヘリパッド建設工事をめぐっては、全国から機動隊が投入され、自衛隊の輸送機が工事用の重機を空から運ぶなど、政府の強硬姿勢が続いて森が伐採されたために、反対運動が鋭角に傾いたようです。仲嶺さんは暮らしへの影響をずっと心配していました。

そんな仲嶺区長の口から本作を象徴する「言葉」が発せられるのは、『ニュース女子』の動画をスマートフォンで見てもらったシーンです。じっと目を凝らす先の画面では、リポーターの井上氏が「反対派が救急車も止めたって……」と決めつけ、「大多数の人は、そんな米軍基地に反対という声なんて聞かないんですよ」と断言します。スタジオの女性タレントは「そうなんですか～」と初めて知って驚いたかのように反応します。

映像を見た仲嶺区長は、深くため息をついて座りなおした後、こう語り出しました。

「いろんな報道のされ方ってあるんですね。何が事実で何がデマなのか……自分たちも本当にわからないぐらい。沖縄の生活している人たちの声っていうのが、入ってないし。ただ、これ（基地反対運動）を茶化しているような感じで受け取られるのが心外ですよね」

「何が事実で何がデマなのか、わからなくなる」。そうなれば生活する者の声が届かない。まさしく、民主主義の危機を語ってくれました。

高江に住む人たちは何度も決議を繰り返し、ヘリパッド建設にずっと反対してきました。そして、仲嶺区長はこう強調します。

「やはり生活がかかってますから。全国の人に高江の事実、基地に囲まれた、この事実を知ってほしい」

米軍機オスプレイは集落を囲むように新設された6つのヘリパッドを使って離着陸の訓練を続けます。上空を頻繁に飛び交い、目の前の人の声も届かないほど重低音の騒音が襲ってきます。その爆音にしばらく晒されると、オスプレイが飛び去った後も耳鳴りがします。体調を崩す高齢者や引っ越してゆく子育て世帯もいます。大量のデマによって明らかな事実が遮断されれば、どうなるでしょうか。

やんばるに住む人びとの、訴える声を聞こえなくしていたのは、オスプレイの騒音だけではなかったのです。

適法か違法か、それは二項対立か？

高江で取材中、島田カメラマンが「あれは、危険を感じ、焦りました」と振り返る反対運動の場面。儀保昇さんが運転する軽トラックの助手席に島田が乗っていた時です。儀保さんが、土砂を運ぶダンプトラックの先頭を遮るようにノロノロ運転を始め、「牛歩戦術です」と阻止行動に出たのです。近くにはパトカーもいてサイレンを鳴らし、警告を発します。一瞬、道路交通法違反で一緒に逮捕されるのではないか、と冷や汗が流れたそう。

島田は儀保さんが運転席から仲間たちとやりとりする会話をしっかり押さえた上で助手席から降り、路上から工事用ダンプの車列と儀保さんたちの攻防を撮影しました。結局、ダンプはパトカーに先導されて反対車線を走り、米軍施設へ消えてゆきます。

「違法を指摘されそうですけど、使っていいんですか？」。編集作業の時、この際どい場面をつないでほしいとベテラン編集マン田中健に伝えると、こう念押しされました。確かに、違法行為じゃないかと言われるリスクを伴います。ネット空間ではすでに「犯罪者集団」「違法行為は排除すべき」と大騒ぎされています。ただ、違法すれすれでも彼らが必死に抵抗する行動は、むしろ視聴者に問いたいところ。この行為ひとつで「過激な暴力集団」と言い切っていいのですか、と。

そういえば当初、TOKYO MXは「違法行為を行う過激な活動家に焦点を当てるがあまり、適法に活動されている方々に関して誤解を生じさせる余地のある表現があったことは否めず、当社として遺憾と考えております」との見解を公式サイトで公表していました。

違法か適法か、二項対立で考えると本質を見誤ります。その間に大幅なグラデーションがあって両者を分けるその判断は、時の権力者しだいで変わるのです。政治家による数々の言葉によって、それすらも覆い隠されています。

沖縄県民の闘いはいまも続く

2018年8月、「万策尽きたら夫婦で一緒に（辺野古ゲート前に）座り込もう」と妻と約束していた翁長知事が膵臓《すいぞう》がんで急逝しました。病院の玄関からその遺体が自宅へ搬送されようとした時、頭上でオスプレイが爆音を振りまいて飛行していた光景を沖縄の新聞記者たちは目撃し、紙面で伝えました。県民はどんな思いで読んだでしょうか。

翌9月、自民党候補を破って翁長後継を掲げた玉城《たまき》デニー知事が誕生。過去最多の得票数（39万6632票）でした。これが沖縄の民意、その意思は1ミリも変わりません。美しい辺野古の海を埋め立て、米軍基地に差し出そうとする国策に反対の票を投じた人びと。

この知事選で、琉球新報はネット上の政治デマを検証するファクトチェックチームを立ち上げ、選挙戦の間も記事を掲載し続けました。初めての試みです。最終的に解析した結果、玉城氏を誹謗中傷するデマ発信が圧倒的多数だったことが判明します。沖縄県知事選を取り上げる怪しいブログが東京都内の事務所を拠点に複数、立ち上がっていたこともわかり、記者たちがそのブログ主宰者を探しましたが、見つかりませんでした。デマの世界は、いたちごっこのようです。「沖縄の新聞社には中国政府の資金が提供されている」「玉城知事は中国の手先」。事実に反する言説がまたもやネットに溢れ出ています。

「沖縄の基地反対運動の素顔は、弱き者の励まし合い」。「プロ市民」と呼ばれた作業療法士の泰さんは取材時にそう話しました。反対運動に土日や朝夕の自由時間のほぼすべてを費やし、デマに騙《だま》されないで、と訴えています。

泰さんは出会った人たちに、チェコスロバキア生まれのフランスの作家、ミラン・クンデラの言葉を紹介します。戦争への小さな芽を摘み続けよう、そんな切実な思いを込めて。

権力に対する人間の闘いとは、忘却に対する記憶の闘いに他ならない。

高江のゲート前で泰さんが、拡声器を手に提げて歌を歌い始めます。

番組のエンディング近くで泰さんが歌うのは「親の教えた事は、深く心に染めなさい」という意味の歌詞と美しいメロディーの『てぃんさぐぬ花』。

歌声を空高く響かせる泰さんの頭上をオスプレイが騒音をばら撒きながら横切り、機体から米兵が銃を持ってゲート前の人びとを見下ろす姿が映し出されます。

画面はやんばるの空を見上げて人びとが立ち尽くす高江から辺野古の埋め立て工事が進む青い海へ。流れるナレーションは、こう語りかけます。

『沖縄　さまよう木霊』ゲート前での抗議の上をオスプレイが飛ぶ（2017年）

民衆の抵抗と、それに対する本土からの抑圧の歴史は、これからも続いていくのでしょう。72年前の沖縄での地上戦に始まる、沖縄の人びとが歩んだ道を見つめ、その訴え続ける声に、私たちが立ち止まって耳を傾けない限りは……

こうして『沖縄　さまよう木霊』はエンドを迎えます。

視聴者からの感想

放送後、視聴者センターには多くの感想が寄せられました。

番組を見て、なぜだか、朝まで涙が出てとまりませんでした。日本社会には、まだ、報道が生きていたと思いました。長い、暗闇からやっと這《は》い出た感じです。歴史に残る報道を本当にありがとうございました。生きる力をありがとう。

報道とは何なのか、番組が始まって終わるまで目が離せませんでした。沖縄で暮らす人々の素朴な素顔、恐怖を覚えるオスプレイの低空飛行、そして轟音《ごうおん》、奪われた自然と平穏な生活、何ら根拠を示さず沖縄を侮辱する政治家。何が本当なのか、映像は映し出していました。取材もせずにデマ番組を作って放送した『ニュース女子』とは対極の姿勢をハッキリと見せてくれました。知りたいことに真正面から取り組んだ制作スタッフの皆様の心意気に心から敬意を表します。

大阪のテレビ局が土人発言とそれに続く大阪府知事の発言を、沖縄現地でちゃんと取材して報道してくださったことに、大阪府民として感謝します。攻撃されることを恐れてか、中立公正の名の下にデマをも1つの言論として取り扱う番組が多い中、この番組を作られたスタッフ、放送した局の方の決断を支持します。

沖縄へリパッドへの抵抗者たちへの、ネットでの極左・暴力という言説と、それを再拡散したTOKYO MXTVの『ニュース女子』の問題に真正面から取り組み、双方当事者に直接取材した制作スタッフに心から敬意を表します。メディアに今こそ必要とされていること、なのに最も欠けていること、それがネット上の言説のファクトチェックなのだと気づかされました。

いっぽう、件数はさほど多くありませんが、予想した通り厳しい声も寄せられました。

違法行為を注意せず煽るMBS。違法行為車両に同乗し取材するとは何ごとか！　違法行為を容認、肯定する番組はやめろ！

偏向報道。プロパガンダ放送をしても逆効果になるだけ。斉加尚代のバーカ　やめちまえ！

救急車のことも誘導尋問をしていますよね。一方的に反対派の肩を持って、偏向と言わず何と言うんですか。やっていることがめちゃくちゃなんですよ。

違法行為を是とする反社会放送局。座り込みは違法行為です。排除されたことを被害とする放送内容と違法行為を煽るような報道姿勢は許せません。謝罪放送を要求します。

デマと同じ土俵でいいのか？

番組に対してツイッターで絡んでくるのは、どうも男性が多いようです。放送日から1週間、ひとつのアカウントが気になり始めました。

「毎日放送さん、牛歩に切り替える前の違法駐車による通行止めは取り上げないの？　嘘つきですなぁ」「つまみ食いされるのがテレビの編集権。（中略）中立性に欠けます」「辛淑玉さんをサポートした人を全員唖然《あぜん》とさせる内容。映像'17で高江の活動を扱ったＭＢＳの斉加尚代ディレクターは、このことを知っていたんですかね？」

毎日２回ほどのペースで「『ニュース女子』の報道は正確だった」「デマではありません」と発信しつつ、ＭＢＳを批判し続けます。１週間に計14回、多いものでリツイート数は４６１回に。１週間後の時点でこの人物が拡散力トップに躍り出ていました。

放送直後は、東京から名護市に移住し、ＳＮＳで基地反対運動を支援するフリーライターの大袈裟《おおげさ》太郎さんがトップでした。大袈裟さんのツイッターが順位を下げ、気づくと『ニュース女子』支持者のアカウントに抜かれている。いったい誰だろう？　この人物が公明党大阪市議会議員の辻《つじ》義隆氏とわかった時は、意表を突かれます。政治家だったのか――。

さらにその後、大阪市政担当の同僚記者から、辻議員が頻繁に発信した「理由」を教えてもらう機会を得ます。顔を合わせた時に話題になったそうです。当の辻議員は「別にＭＢＳや制作者を悪く思っているわけじゃない。話題になりそうなネタを拡散したかっただけなんで」と釈明したとのこと。つまり「目立ちたかっただけ」だそうです。これには驚きました。注目されたかっただけですか。

基地ゲート前で必死に座り込みを続ける沖縄の高齢者たちに対し、侮辱や嘲笑の石を投げつける『ニュース女子』をそんな動機で持ち上げるなんて。

一人ひとりが自分のメディアと拡声器を持つネット時代には、誹謗中傷がどんどん膨張の一途をたどるのか、と暗澹《あんたん》たる気持ちになります。デマは30秒あれば簡単に作れて発信できますが、検証するのには時間も労力もとてつもなくかかるのです。

例を挙げれば、消防署長と何度もやりとりし、最後は電話インタビューを無理やりお願いしてようやく「反対の抗議活動に業務を邪魔されたとか、一切ないです。うそはついていませんし」の音声を収録するに至るまで、こちらはどんな思いをしているのか。どこか心をすり減らし、精神的に追い込まれてゆくストレスを抱えつつ、地獄の戦争を生き抜いた人びとの顔を思い起こし、「基地反対運動の素顔」を視聴者に届けたいと奔走していることなど、事実なんてどうでもいい人たちには想像できないのでしょうか。そうは思いたくありません。

番組を見た大先輩から、次のような感想が届きました。

「これは、余分かもしれませんが、私としては、インターネットや、悪意のある人たちに対して、同じ土俵で闘いすぎていませんか、という不満があります。そういう輩《やから》に正義の刃《やいば》を突きつけて、ことごとく切って捨てていく筋立てには、見ていて痛快でした。でも、視聴者としては、その先を見せてほしかった、と思いました。あるいは、運動する人びとの闘いのすさまじさや心情、あるいは挫折感をもっと見せてほしかった、と思いました。続編を作ってください。それが必要なくらいに、いまの日本はねじ曲がっています」

正直に言えば、同じ土俵で闘いたくありません。運動する人びとの闘いそのものや内面をもっと丁寧にそばで見つめながら取材したいと思います。

けれど戦後、「民間放送」が築き上げてきた放送倫理の価値観がいともたやすく打ち砕かれて、地上波のひとつが事実を蔑《ないがし》ろにするネット空間の土俵に引きずり込まれるならば、その土俵に乗り出して闘わざるを得ない、そんな気持ちに傾いていきます。

明らかに誤った情報が、ネット空間を通じて増幅され、真実らしき仮面をかぶって、リアルな社会に飛び出してくる。

デマやヘイトが流布される言論の最前線となった沖縄の基地反対運動。その前線は、政治力学による対立によって生まれていたと言えます。本土で暮らす私たちの側にもやがてその前線がやってくるだろう、そう予測したことが、まさしく現実となって立ち上ってくるのに時間はそうかかりませんでした。

いまも「デマを誤信する」人は後を絶ちません。その背後にはほぼ政治勢力が存在するのだということを、その後の『バッシング』の制作で確信するに至るのです。

3 『映像'17 教育と愛国〜教科書でいま何が起きているのか』(2017年7月30日放送)

企画原案を書き上げる

沖縄デマやヘイトに与《くみ》する放送に対し、突き動かされるように制作した『沖縄 さまよう木霊』。寄せられた多くの感想を整理する間もなく「3月の『映像』、やってくれるか?」と澤田から指名され、2か月後に生活保護をテーマにした『支えて、支えられ〜生活保護の現場と「みさ姉」』を放送するに至ります。

なぜ、こんなに過密スケジュールだったのか、いまはもう思い出せません。ただ、この作品も出演を拒んでいた生活保護受給者の高齢女性が「番組見たよ。やっぱり取材受けるわ」と応じてくださったおかげで完成します。

バッシングを恐れていたその女性が、リスクを承知で実名も顔も出して語ってくれた放送後、集会でもどんどん発言できるようになり、「生活保護って何も悪くない。堂々と言えるようになったよ」と前を向く姿に心打たれました。ドキュメンタリーの取材は、時にミラクルをもたらしてくれます。傷ついている人が本来の力を取り戻してゆく瞬間に伴走できているとしたら、これ以上嬉《うれ》しいことはありません。女性とはいまや母娘みたいにすっかり意気投合し、私のほうが励まされることばかりです。

次作の企画書を出さねばならなくなった4月、かなりくたびれていたのでしょう、なかなか思うように企画が書けず数週間が過ぎました。月末になってようやく教科書をテーマとする『教育と愛国』の企画原案を書き上げます。

このテーマを選んだのは、沖縄へ再度、取材に行けると考えたからです。また、道徳の教科書検定の問題が新聞紙面を賑《にぎ》わせていました。代表的なのは「国や郷土を愛する態度に照らして」「不適切」という検定意見をつけられた教科書会社が、地域を散歩する子どもの物語に登場するパン屋さんのイラストと文章を和菓子屋さんのものに修正して合格。「パン屋は愛国心が足りない?」「あんぱんはどうなんや!」とネット上で論争が沸き起こっていたのです。

「教育目標の一丁目一番地に、道徳心を培う」とかねてから力説していたのは安倍晋三首相でした。彼の政治的念願だった道徳の教科としての復活が決まったこともこの企画を思いついた大きな理由です。その道徳の教科書に加え、沖縄戦での集団自決をめぐる記述が政治問題化した2006年当時の経緯を振り返り、沖縄取材をイメージしながら企画のストーリー案をまとめました。いっぽう、企画意図は次の通りシンプルです。公教育をめぐる政治の流れにずっと危機感を覚えていたことが根底にありました。

【企画意図】2006年、第一次安倍政権で見直された教育基本法。その改正教育基本法には「我が国と郷土を愛する」条項が戦後初めて盛り込まれた。教育現場は当時、「愛国心」を盛り込むと国粋主義につながるおそれがある、他国より自国を優先する意味合いが強くなる、などを理由に激しく反対した。それから10年の歳月が流れ、第三次安倍政権下で、幼稚園児が「教育勅語」を暗唱する映像が注目される事態になった。「教育勅語」を教材として使うことは否定しないと閣議決定までなされたいま、日本の教育は、どこへ向かおうとしているのか。

「教育勅語」を暗唱していたのは、大阪の森友学園が運営する塚本幼稚園（2021年度から休園）の園児たち。籠池泰典《かごいけやすのり》理事長は安倍首相の信奉者でした。その運動会の選手宣誓で園児たちが「中国、韓国が心改め、歴史教科書でウソを教えないようお願いいたします。安倍首相ガンバレ！　安倍首相ガンバレ！　安保法制国会通過よかったです」と言う特異な映像がテレビで流されていました。私立の幼稚園児であっても、政治的発言をさせるのは教育基本法違反に問われます。

教育の変化は、ゆるやかにやってくるものです。制度や基準の見直しによる影響が教育現場に表出するのは、10年後、20年後と言われます。たとえば、塚本幼稚園が園児たちに運動会で軍歌を高らかに歌わせていることを知り、私が取材したのは２００３年。教育基本法の見直しなどを経た10年余り後、政権を揺るがすほど大きく問題化したのです。

教育における変化の蓄積は、社会の基盤をも揺るがしかねません。とはいえ、結果がすぐに見えず、評価も遅れるため、打ち上げ花火のごとく教育政策に手を突っ込む政治家が増えているのではないでしょうか。

政治と教育の距離が近くなりすぎているのではないか、そんな問題提起から教科書検定制度の舞台裏や歴史教科書をめぐる攻防などを取材した本作の詳細は、すでに『教育と愛国―誰が教室を窒息させるのか』で制作後記を書いているため、そちらに譲ります。

ただ、心に留めておきたいのは、発達段階にある子どもたちにとって、たった一度きりの貴重な教育課程は、いわば人生を左右する大切な学びの時間です。振り子のように揺れる政治からは独立した行政のもと、子ども主体の教育であるべきという理念が民主国家の基盤です。なのにいまや、一部政治家たちの理性を欠いた言動によって、教育の根幹は、崩壊への一途をたどっているようにすら見えます。

「特別の教科」道徳へ――復活した教科書

さてここで、小学２年生用の道徳教科書（２０１６年度検定済・教育出版）から引用して問題を出してみます。

つぎのうち、れいぎ正しいあいさつはどのあいさつでしょうか。

一、「おはようございます。」といいながらおじぎをする。

二、「おはようございます。」といったあとでおじぎをする。

三、おじぎのあと「おはようございます。」という。

この問題の正解は、二、と教科書に書かれています。

ひとつだけのこの答え。礼儀作法やマナー教室に通った経験のある人は、答えがひとつなのは当たり前、様式美だと感じるかもしれません。しかし、茶道など流派があるわけでもない「おじぎ」に正解が用意されていることに疑問も感じるのです。

1945年アメリカで制作・公開された国策映画『汝《なんじ》の敵、日本を知れ』は、日本式の「はしの使い方」「花の生け方」「おじぎの仕方」「部屋の入り方」「挨拶の仕方」を次々紹介し、「狂信的」と揶揄します。ただひとつの「正解」が全国民に強要されている異様さをそう表現したのです。

2017年7月末に放送した『教育と愛国』の冒頭は、この礼儀正しいおじきの仕方を子どもに教えるイラスト入りの教科書のカットに続いて、次のナレーションから始まります。

小学生向けに作られた、新しい道徳の教科書です。「忠君愛国」に流れた戦前の反省から、これまで「活動」の時間にとどまっていた道徳の授業が、来年度から「特別の教科」に格上げされて、戦後73年ぶりに復活します。

どのようなシーンで番組を始めるか、その判断はディレクターの私には大きなプレッシャーです。これは、切羽詰まったおかげで浮かんだアイデアでした。トップカットに置きたいシーンがいくつもある時に、全体像を思い浮かべ、映像を選択する作業は心躍るものです。ところがこの時は、しっくりくるものがなくて焦るばかり。あ〜どうしよう、袋小路にどっぷりはまり、行き詰まった時、ふっと蘇ってきたのが1週間ほど前に居酒屋で友人の教諭と交わした会話でした。

「あのページ、引っかかるよね」「低学年に教える意味あるんかな」

道徳教科書をめぐり話題にした「おじぎ」の場面を思い出したのです。そうだ、これにしよう！　教科書の見本を展示する教育施設にかけ合い、その資料室で1冊の道徳教科書を番組の冒頭用に撮影しました。

「れいぎ正しいあいさつ」を引用しようと思いつくまでに苦しい時間を要した分、心に決まった時は探し物を見つけたように高揚したのでした。

戦前の尋常小学校（のちに国民学校）における道徳といえば、「修身」です。「身を修めること」を目的とするその科目は、明治天皇が１８９０年に教育の基本方針を示した「教育勅語」を拠《よ》りどころとします。１９４５年の第二次世界大戦の敗戦で廃止されるまで続き、戦時中は子どもたちに軍国主義を叩き込む役割を果たしました。

道徳が復活し、義務教育の課程に「特別の教科」として戻るのは73年ぶりです。学ぶべき徳目＝「善悪の判断」「節度、節制」「礼儀」「国や郷土を愛する態度」など22項目が列挙されています。戦前と同じ轍《てつ》を踏むのではないか。子どもの内心に踏み込む恐れがあるのではないか。さまざまな懸念から、道徳教育は戦後一貫して教科にならず、評価対象ではありませんでした。

「ベルばら」と「不当な支配に服することなく」

番組の取材内容に入る前に、自分が小学生だったころについて少し述べてみたいと思います。兵庫県宝塚市で育った私は、バケツを持って武庫川《むこがわ》へ魚とりに出かける、おてんばな少女でした。些細《ささい》なことで友達と喧嘩《けんか》するのもしょっちゅう。近所の元教師が開く寺子屋のような塾へ通いましたが、偏差値とは縁遠い生活でした。

私が9歳だった1974年の夏、宝塚歌劇団が池田理代子原作の漫画「ベルサイユのばら」を初演、第一次ベルばらブームを迎えます。宝塚大劇場の近くに住んでいたため、榛名《はるな》由梨、安奈淳《あんなじゅん》、汀《みぎわ》夏子、順みつき、各組のトップスターが主人公のオスカルを演じた舞台はすべて見ました。76年にフェルゼンを演じた鳳 蘭《おおとりらん》の楽屋を訪ねて舞い上がったことも。自宅から歩いてすぐ、ご近所感覚だったかもしれません。

漫画は、呆れるほど繰り返し読みました。愛蔵版（集英社、1976年）は、いまも大切に保管しています。

貴族のオスカルは、女性ながら男装の軍人としてフランス革命へ向かう激動の時代を生きるのですが、少女時代、そのオスカルの言葉に心奪われました。フランス衛兵隊のあらくれ兵士たちに対し、自分は権力を持つが行使しない、とこう叫びます。

おまえたちの心まで服従させることはできないのだ。心は自由だからだ！

みんな　ひとりひとりが……どんな人間でも……人間であるかぎり……だれの奴隷にもならない……だれの所有物にもならない心の自由をもっている
だから……だからこそ……おまえたちをけっして権力でおさえつけまいと……。

漫画を手にした当時、深く理解したわけではないと思います。が、「ベルばら」は女性が意志を貫いて生きてゆく、これからの時代への「扉」のようでした。爽快感があって、その世界に夢中になります。

宝塚の舞台でも登場するクライマックス、バスティーユ牢獄《ろうごく》が陥落し、革命の一歩が刻まれようとするその瞬間、負傷したオスカルは、次のように最期の言葉を振り絞ります。

ついに……陥《お》ちたか……！　自由……平等……友愛……この崇高なる理想の永遠に人類のかたき礎たらんことを……フランスばんざい……！

自由と平等は、命をかけるほど大事なものなのかと、不自由な社会に生きる人びとのことを想像して震えました。

オスカルは、人間の「内心の自由」を見事に語っています。人間の尊厳、つまり「基本的人権」は、自由・平等・友愛という崇高なる理想によって築かれるもの、「永遠に人類のかたき礎」になれと言っているのです。「この国の」ではなく「人類の」礎です。もう半世紀前の漫画なのに、ちっとも色褪《いろあ》せない感動を覚えます。ここに人間の在り方の普遍性を見るからでしょう。原作者の池田理代子さんは、戦後米国がもたらした「日本国憲法」を深く理解し、この「ベルばら」を執筆していたと想像します。

憲法とセットの存在である教育基本法には、戦争の歴史を教訓とした大事な条文があります。教育は、不当な支配は受けない、というくだりです。支配するのは、政党（つまりは政治家）や官僚であると、この1947年の基本法誕生当時の帝国議会では答弁されていました。

教育は、不当な支配に服することなく、国民全体に対し直接に責任を負つて行われるべきものである。（旧教育基本法第10条）

（傍線は筆者による。以下同じ）

第一次安倍政権下の2006年に戦後初の大きな転換点が訪れたのは『教育と愛国』の企画意図ですでに述べた通りです。「国や郷土を愛する態度」といった愛国条項が基本法に盛り込まれた点に当時は激しく反対の声があがりましたが、あれから15年以上を経た現在、この旧法第10条の条文改訂のほうがより影響が深刻だったと言えます。誰に責任を負って教育は行われるべきか、そのことを規定した条文が消え去り、法律というルールを守ればよい、と修正されたのです。

教育は、不当な支配に服することなく、この法律及び他の法律の定めるところにより行われるべきものであり、教育行政は、国と地方公共団体との適切な役割分担及び相互の協力の下、公正かつ適正に行われなければならない。（改正教育基本法16条）

言うまでもありませんが、すべての子どもがもって生まれた力を十分に伸ばし成長できるようにするのが教育の目的です。一人ひとりの違いを認め合い、その子どもにとってもっともよいことは何かを最優先に考え、基本的人権を尊重し、人格を形成してゆく可能性を保障することが教育上の使命だと思います。国家が子どもに「ひとつの目標」を押し付けることは許されません。

子どもの内面の自由はとても大切で、主体はあくまで子ども自身。子どもに指図命令し、服従させるのが、本来の教育ではないとわかっている大人でも、教師や親を含め、子どもにとっては権力者になり得ます。教育は「強制」だと豪語する人もいますが、それは未来を築く教育の在り方を理解せず、子どもの人権にも配慮しない間違った考え方です、と私は強く言いたくなります。

インタビューで「事実」をつかむ

２０１７年６月５日、東京・永田町近くにある都市センターホテル22階の一室で、私たちは山口県防府《ほうふ》市の松浦正人市長と向き合い、インタビューに臨んでいました。

大きなスーツケースに照明機材など一式を入れて、新幹線で大阪から当日移動。担当の北川哲也カメラマンは照明を手際よく立ててソファーや椅子の配置を変えて準備万端、市長に私が質問を投げかけます。

福井県出身の北川カメラマンは、寡黙で笑顔を絶やさない好青年、といっても30代後半ですが、30年前にはあまり見かけなかったタイプの柔和な報道カメラマンです。気配を消す、現場のその空間にすっと溶け込んで自身の存在感を極力消すことを彼は得意とします。あれ、いたっけ？　そう感じさせるほどさりげなくカメラを構えてくれる。いい意味でフラットに撮影してくれる。狭い部屋ではその得意技がことさらありがたいことでした。

インタビューに先立つ同年５月30日、防府市の秘書室へＡ４で２枚の取材依頼のＦＡＸを送信しました。「『教育再生首長会議』の会長を務めておられる市長に戦後教育の転換点とも言える道徳の教科化などについてご意見を賜りたい」、そう取材意図と質問の概略を記し、窓口の秘書に電話して相談しました。保守系の市町村長ら約１５０人（取材時。その後減少）が加盟する「首長会議」。その会長への取材という目的ならば、近く東京で総会が行われるので、事務局担当者に連絡を入れてほしい、とすぐにその秘書が連絡先と氏名を教えてくれました。なんと、とてもタイミングがよかったのです。

しかも連絡先は、自民党と関わりの深い育鵬社《いくほうしゃ》の歴史と公民教科書を推奨する「日本教育再生機構」（公式サイトはその後、閉鎖）とまったく同じ、担当者も同一人物。特定教科書の推奨団体に対し、「首長会議」側が事務作業を委託し、各自治体の公金支出による2万円の年会費で賄うという、その後、議会などで問題視される相互関係を当時は築いていたのでした。「教育再生首長会議」は、教育委員会制度を見直す地方教育行政法改正がなされた2014年に設立されました。新年を迎えるたびに安倍首相を表敬訪問し、肩を並べる首長たちの写真が官邸のウェブサイトにアップされています。

教科書をめぐる異常な出来事

首長の権限が強まることになった新たな教育委員会制度において、教科書採択も首長の権限に移行できないのかと当時、初等中等教育局長だった前川喜平さんらは「教育再生首長会議」のメンバーに呼びつけられ、何度も問いただされたそうです。前川さんは「いや、できません」と何度も否定したとのこと。

番組のリサーチを始めた当初は、こうした水面下の政治的な事情を把握できていませんでした。番組取材は、その時々の磁石に吸い寄せられるように、当初のプランから逸《そ》れていくことがあります。

「首長会議」を掘り下げるきっかけを得たのは、ケーキセットを注文し、旧知の研究者と話し込んだ東京都内の喫茶店です。カラフルなケーキが入口に飾られているテラス風の喫茶店で、沖縄の集団自決をめぐる教科書問題について琉球大学名誉教授の高嶋伸欣《のぶよし》さんを取材していました。

「日本軍によって集団自決に追い込まれた」という記述が文部科学省の検定意見によって教科書から削除されたのは２００６年。その翌年この検定に抗議する集会が沖縄・宜野湾市で開かれ、11万人を超える県民が会場となった海浜公園を埋め尽くします。県民集会としては過去に例のない規模でした。企画当初から現地取材を想定した「沖縄戦と教科書」、そのテーマで2時間近く、ケーキを食べながら意見交換しました。この席にたまたま高嶋さんのパートナーの道《みち》さんが同席されます。「斉加さんに会いたい」とわざわざ一緒に来てくださり、その道さんがもう席を立とうとする場面で不意にこう言ったのです。

「『学び舎《しゃ》』の教科書はご存じですか」

「採択後に攻撃されているんです」

道さんは社会科の元教員。現場の教育実践からの創意工夫で編集されている教科書会社「学び舎」の執筆陣のひとりです。

教科書を攻撃？　いったい誰が？　そこで初めて耳にしたこの言葉に大きな引っかかりを感じ、すぐさま取材の網を広げてゆきます。

最初に取材を承諾してくれたのは、東京都港区にある私立麻布《あざぶ》中学校の社会科の先生たち。しかし撮影は断られ、ひとり学校を訪ねることに。そして、応接室のテーブルで紙箱の中にびっしり詰まった大量の抗議ハガキと手紙などを目にすることになります。押し寄せる圧力をずしんと自らの肌に感じた、そんな息苦しい感覚だったと記憶します。

そのハガキの差出人に松浦会長の名前を見つけました。これが彼を取材しようと考えた瞬間です。教科書の「不採択」運動に関わる政治家とはどのような人物なのか。次のような文言が躍る、一種の脅しともとれる抗議ハガキを複数の私立中学校に送りつけています。「教育再生首長会議会長　防府市長　松浦正人」と差出人に氏名、肩書まで直筆で記していました。

中学生用に唯一、慰安婦問題（事実とは異なる）を記した「反日極左」の教科書であるという情報が入りました。

将来性ある若者に反日教育をする目的はなんなのでしょうか?
「反日極左」の教科書で学んだ生徒が、将来の官僚や政治家、学者、法曹界など、我が国の指導層になるのを黙って見過ごすことはできません。
「学び舎」の歴史教科書の採用を即刻中止することを望みます。

標的になった学び舎が出版する『ともに学ぶ 人間の歴史』は、2016年採択時に新規参入した中学歴史教科書です。ハガキの文面から抗議の主な理由は、「慰安婦問題」を記述したという点のようです。中学の歴史から消えていた日本軍慰安婦に言及し政府見解に沿ったわずかな叙述に対し、復活は許さんとばかり「事実とは異なる」というデマを用いて「反日極左」と決めつけています。

全国各地の進学校とされる国立、私立の中学校など約40校で採用が決まる中、そのいくつかの学校に数百通というハガキが殺到していたのです。

『教育と愛国』大量に届いた抗議のハガキ（2017年）

攻撃される「慰安婦」問題

兵庫県神戸市東灘《ひがしなだ》区にある私立進学校の灘中学校にも大量のハガキが押し寄せました。灘中は学び舎教科書について「歴史を考察する上で有効と考えられる史料がふんだんに用いられ」「当時を生きた人びとの考え方や思考に触れられるものが多い」「近年、教育界で声高に叫ばれているアクティブラーニングに適した教材である」と判断し選んでいました。

『教育と愛国』の制作を振り返る時、いつも印象深く思い出されるのは、取材ディスクの1枚目が、この抗議ハガキの束を撮影する「接写」だったことです。

社内には「接写ルーム」と呼ばれる暗幕を張れるスペースがあり、北川カメラマンが幾通りもライテイングに変化をつけて、立体的にハガキの束を撮影してくれました。番組全体がまだわからない中での初日。しかも一日では終わらず、2日にわたってその作業は続きました。さぞかし肩が凝ったことでしょう。

私からハガキの束や資料をどさっと渡された時の北川カメラマン。内心「これ、どないしたらいいんや」と思い、「文面の意味がわからず固まった」そうです。唯一ピンときたのは、差出人にあった森友学園の理事長、籠池泰典氏の名前だけだったとか。

しかし、『映像』シリーズを担当するカメラマンたちは、ディレクターの知らない水面下でさまざまな努力をしています。彼は「意味不明」と感じた接写の後、ある行動に出ます。

書店へ足を運んで『教育と国家』（高橋哲哉著、講談社現代新書、2004年）を購入、読破したそうです。著者の高橋氏が哲学者であることも知らずにこの本を選んだそうで、頭が下がります。どんな内容が印象に残ったか今回あらためて聞いてみると、今度は「思い出せないけれど確認してみます」との返事。取材から4年近く経過した時点で尋ねたので無理もありません。けれど、その新書には、印象に残ったページに印がしてあったそうです。

「教育勅語」が明治天皇の名前で「渙発《かんぱつ》」され、そして、それが天皇の言葉とされたがゆえに、法律以上の権威を持って教育を支配したのです。

忘れてならないのは、国を愛することには本質的に排他性が伴うことです。（中略）国家の場合には強力に「われわれ」と「他者」とを区別しますから、そこに暴力性がないとは言えないのです。（中略）この側面をナショナリストや国家主義者たちは意図的に強調して、他者を排除し暴力を正当化するのです。

愛国心をもちたいという人に、それを禁止する権利は誰にもありません。（中略）それは「愛」なのですから、その愛を禁止するということは原理的にできないのです。

この一冊から「教育現場の右も左もわからなかった自分が、教育現場の『右と左』を知りました」と感想を述べてくれた北川カメラマンは、「感情的に描かず、理性に訴えるスタンスの『教育と愛国』の撮影には非常に有益だった」と話しました。

このように番組テーマに自ら関心を持って理解を深めようと、映像担当カメラマンは惜しみなく尽力してくれます。ディレクターの力だけでは番組は決して制作できません。ＭＢＳ報道の底力と言えます。

カメラマンをひどく悩ませた「動かない画《え》」で撮影が始まったのは、複数の中学校からハガキを借り受けていて、早く返却しなければならない事情があったからでした。

差出人一人ひとりの顔はほぼ見えない。文面はすべて同じです。政治勢力が束になる「圧力」がそこに存在し、学校現場に何かが押し迫ってくる不気味さ。目の前では動かないし見えないけれど、確かにそこに見える政治のエネルギー。当初はそこまで考えが深く至っていなかったのですが、この時代を象徴する撮影であったと思います。

「教育再生首長会議」初代会長へインタビュー

防府市の松浦市長をインタビューするにあたり、私たちは彼の名前が入った学び舎教科書への抗議ハガキをコピーして取材に臨みました。場所は総会の会場と同じホテルの部屋です。2014年の地方教育行政法改正で教育委員会と自治体の長が「総合教育会議」で大綱を決めることになり、首長が教育目標を掲げて教育行政に関与できるようになりました。

1942年生まれの松浦市長、「教育再生」に対する抱負を語り続けます。

「基礎自治体を預からせていただく者として、教育の分野にも自分たちの思いを入れていくことが可能になったということにおいては、またやりがいも増えてきているわけで。だからいまの教育再生首長会議も所属メンバーが150人を超えてきていますし。安倍内閣において教育再生という、もって日本再生という動きがね、時代の動きですから。それに我々も一緒になってやろうじゃないかという方々の集まりです」

「歴史というものはね、民族始まって以来、ずっとあるわけですから。それを正しく教えていかなければいけないんです。間違ったことを、諸外国がわんわん言っていることをね、はいその通りです、まあ、その話はこっちに置いて未来志向でいきましょう、なんて、そんなことはやっちゃだめですよ」

しばらく傾聴していた私は、タイミングを見て松浦氏に学び舎の教科書について尋ねました。

——学び舎の教科書はご存じでいらっしゃいますか?

「学び舎? 知りません」

——あの、歴史の教科書なんですけれども?

「知りません」

——そうですか。こういうのが(抗議ハガキを渡して)出ていますが……。

「あ、教育再生首長会議の松浦として、いろんな方々に正しい教科書を出さなければいけませんよという声をね、発信したものですね、これ。あるでしょうね、これ、私の字ですから」

――それは、発信されていらっしゃる。

「これは発信してますね」

――学び舎の教科書は読んでらっしゃいますか？

「ああ、ああ、この学び舎というこの学校ですか、この会社ですか……まあ、ちょっと偏った事柄が書いてあるという情報は耳にしました」

――読んでらっしゃいますか。

「読んだというか見たという程度でしょうかね」

――表紙を？

「まあ、あの、まあ……これは私の知り合いのとても尊敬する方から、こういうようなことで運動を展開していきたいので、協力してくれませんか、という依頼があったので」


依頼された人物の名前は言えない、と明言を避けますが、20～30通の抗議ハガキを送ったことはすぐに認めました。

インタビューする際にはあらかじめ自身で質問のシミュレーションをします。この話題に切り替わる最初の問い「学び舎の教科書はご存じですか？」を投げかけるのは決めていて、相手が「知っている」と答えた場合と「知らない」と答えた場合の2パターンでどう展開させてゆくかを事前に準備しました。

けれど用意した通りに質問を続けることは、まずありません。相手の語り口に沿って言葉をやりとりするよう心がけます。「表紙を？」と突っ込んでいる場面は、松浦氏が「見たという程度」と軽く述べたのに対し、即座に反応して言葉が思わず出てしまった、そんな感じでしょうか。

教科書を読んでいるか、読んでいないか。私の予想は「読んでいない」でした。なぜ、そう思ったのかは、松浦氏にインタビューするまでの取材の積み重ねによるものとしか言えません。たとえば、差出人の多くは手書きで「ＯＢより」と書いていますが、取材した進学校の社会科教諭は毅然と次のように語っていました。

「本物のＯＢは、ひとりもいませんよ」「この人たち、教科書を読んでないでしょう」「この教科書を読んで抗議してくるＯＢは、うちの学校にはいません」

先述した通り、慰安所と慰安婦の存在は、紛れもない事実です。「反日極左」による「事実とは異なる」主張ではありません。むしろ、「慰安婦はいなかった」と述べるほうが、歴史に対し無知と言える「私的意見」にすぎないのです。しかし政治的であればあるだけ、嘘も繰り返せば繰り返すだけ、真実味を帯びて見えてくる怖さがあります。

このインタビューで明らかになったのは、自治体のトップが、尊敬する「司令塔」の依頼に応え、教科書の中身を一切確認もしないで、組織的攻撃に加担し、首長会議という公の団体名と氏名、肩書まで直筆で記したハガキを大量に学校へ送りつけていた、ということです。

松浦氏は、続いてこう釈明します。

「う〜ん、圧力として受け止められる方は受け止められるかもしれませんが、それはもしそうだとしたら、ごめんなさいねって申し上げるしかないですね。圧力を受けたとおっしゃるんならね。受けたとおっしゃるんですか。そうじゃないでしょう。私は圧力をかけようと思って申し上げているわけじゃないんで」

その表情には、軽く笑みが含まれていました。言葉とは裏腹に反省の弁を述べているようには見えない態度が、逆に松浦氏の印象を強くしたのです。

「謂《いわ》れのない圧力の中で」

灘中・高等学校の和田孫博《まごひろ》校長は、MBSの取材を苦々しく脳裏に焼きつけておられるでしょう。何度か学校を訪ねて取材し、電話でもやりとりしました。が、MBSが番組で報じたのをきっかけにして神戸新聞や毎日新聞、『週刊朝日』などの取材が殺到、「もう取材はこりごりです」とため息をつく状態に陥っていたのです。

申し訳ない思いに駆られたとはいえ、どのメディアにも常に毅然と対応される和田校長の姿勢は、教育の独立性への信念を感じさせました。そこにあるべき教育者の姿を見て敬服します。極右ジャーナリストからの問い合わせと抗議電話にも自ら対応なさったそうです。

和田校長は、学び舎の教科書に抗議ハガキが押し寄せた一連の出来事について振り返り、同人誌に寄稿した文章をインターネット上に公表していました。番組でも一部紹介した「謂れのない圧力の中で——ある教科書の選定について——」（『とい』34号、2016年9月）。精緻に綴《つづ》られている全文はいまもネット上に掲載されていますが、ほんの一部だけ抜粋して記しておきます。

この葉書は未《いま》だに散発的に届いており、総数二百枚にも上る。届く度に同じ仮面をかぶった人たちが群れる姿が脳裏に浮かび、うすら寒さを覚えた。（中略）事の発端になる自民党の県会議員や衆議院議員からの問い合わせが気になる。現自民党政権が日本会議を後ろ盾としているとすれば、そちらを通しての圧力と考えられるからだ。ちなみに、県の私学教育課や教育委員会義務教育課、さらには文科省の知り合いに相談したところ、「検定教科書の中から選定委員会で決められているのですから何の問題もありません」とのことであった。そうするとやはり、行政ではなく政治的圧力だと感じざるを得ない。

「愛国心、道徳心を育む」教科書なのか

『教育と愛国』には、強烈なことばで心を激しく揺さぶる人物が他にも登場します。

中学歴史教科書で唯一、「教育勅語」を「国民の道徳の基盤になった」と紹介している育鵬社版の代表執筆者、東京大学名誉教授の伊藤隆氏です。１９３２年生まれの保守系の歴史学者である伊藤氏へのインタビューは、私にとっても強烈な印象を残すものでした。

伊藤氏は日本近現代史研究のまさに第一人者です。その門下生には、錚々《そうそう》たる研究者が名を連ねています。よく知られているのは政治史学者の御厨 貴《みくりやたかし》氏、安倍首相の戦後70年談話の作成に関わった政治学者の北岡伸一氏、日本学術会議の新会員任命拒否６人のうちのひとり、東大教授の加藤陽子氏などです。

オーラルヒストリーの分野を開拓しながら実証主義に基づく歴史学者として高く評価されてきた伊藤氏は、１９７５年発行の山川出版社の高校生用日本史から教科書執筆に関わってきたとのこと。当時は山川をはじめ、日本の教科書全体が「左翼的」考えに染まっていた、つまり「左翼史観」に覆われていて厄介だったと語り始めました。

「アメリカがある意味で宣伝したんです。日本人と支配者を分断する。悪いのはこいつらだ。これを裁判にかけたり、追放したり、いろいろやったんです。最終的には彼らを許容していた

日本人全体が反省すべきであるという、そういう宣伝を占領中に徹底的にやったわけです」

——それと、左翼史観は？

「くっついちゃうんですよ。要するに左翼史観は、過去の日本は悪いわけでしょ。共産主義じゃないんだから、共産主義になる以前は、支配者の歴史ですから。だいたい、支配者に対する闘いの歴史であるんでしょう。民権運動とか農民一揆《いっき》とかね。左派でないとだめなんですけどね。労働運動、農民運動、そういうものを称揚していくのがメインです」

日本の歴史がGHQによって分断されたとの説明ですが、左翼史観という言葉そのものがわからないと私は問いかけました。すると、伊藤氏は少し驚いて、こう説明を続けました。

「あ、わかりました。あのね、要するに歴史学会はもう左翼史観で完全に埋め尽くされている。歴史学は当初、知っている人たちは自分たちは左翼史観だと思ってないかもしれない。だけど全体は左翼史観で、リーダーシップを持っているのは左翼史観の人たちで。彼らに同調しないと職も得られないし研究費も得られないという状態です。アメリカも日本研究の学者たちは、左翼です。だから、日本の研究者とツーツーですね」

さらに学校現場は昔もいまも、左翼の教員が牛耳っているとも言います。私は自身の取材経験から違和感を覚えます。日教組の組織率は下がり続け、もう2割ほどなのに。ところが、伊藤氏はこう断言するのです。

「最終的にはマルクス主義ですね。だんだん加入者が少なくなったと言ったって無関心な人が増えただけで、使命感のある人たちは強力にやっているわけです。そうすると、その地域の学校の先生たちは、そういうふうになるんです」

「まあやっぱり、日本全体的にだと思うんですよね。僕ら『自虐史観』と言ってるんですけどね。日本人としての誇りを持てないような記述ですよ。僕はその……愛国教育をやれとかそういうことを言っているわけじゃなくて。左翼史観に覆われているような歴史を教えるんじゃなくてですね。ありのままの日本を教えた方がいい。そうでなければ困ると」

設立当初から「新しい歴史教科書をつくる会」の教科書運動に加わった伊藤氏は、参加した経緯を次のように振り返りました。

「東大を辞めてから数年経って、東大教育学部の藤岡信勝という、ぼくより若いやつですけど、彼から伊藤さん、これ、中学校の歴史教科書をちょっと読んでみてくださいと言われて、彼から読まされたんですよ。読んだら、まあすさまじいねえと思ってね。露骨な左翼史観です。これは危ないと。義務教育だから東京書籍とかでしょ。だいたい出版社自体が左翼ではないんでしょうけど、それで売ってきたわけですから」

教育学者の藤岡氏は、現在、「つくる会」系の自由社の執筆者です。

「藤岡たちと新しい歴史教科書をつくる会というのを作って。それで教科書検定でも相当いろいろやられて。一番の問題は、近隣諸国条項というやつですよ。韓国や中国の気に入らないことは書かないと日本政府と韓国、中国政府の間の協定が立ちふさがっているわけです。だから、とにかく日本が中国で行ったことはものすごく悪いことだという。南京大虐殺の問題とか。その当時はまだ慰安婦の問題は出ていませんでしたからね。むしろ朝鮮人の強制連行、強制労働とか、そういうのが中心だったように思いますけど。とにかく激しい弾圧をしたんだ、植民地に対して。そういうことを書かないとまずい。書け、というんですね」

——教科書調査官が？

「うん。調査官は、ぼくの弟子なんですよ。彼はわかってるんですよ。だけど、上にある委員会がそういう結論を出してますからね。役人ですから言わなきゃいけないんです。彼らと喧嘩するのは嫌だから、直接の話し合いはやめて、教科書会社の人に入ってもらって、教科書会社の人はうまくまるめてくれたんですけど。まあ、そんなことがありました」

このように教科書検定の様子を述べますが、ここで言う委員会とは、教科用図書検定調査審議会を指しているのでしょう。1982年、当時の宮澤喜一官房長官が談話を発表、「過去において、我が国の行為が韓国・中国を含むアジアの国々の国民に多大の苦痛と損害を与えたことを深く自覚し、このようなことを二度と繰り返してはならない」とし、この精神が「我が国の学校教育、教科書の検定にあたっても、当然、尊重されるべきものである」とされました。この談話をもとに定められたのが「近隣諸国条項」です。歴史叙述における当時の空気感が伝わってきます。

初めて対面した印象は、強面《こわもて》の学者というより、紳士的な教養人という感じの伊藤氏。インタビューの滑り出しもスムーズでした。

戦後GHQで活躍した外交官、ハーバート・ノーマンが自死に至る秘話なども交えて弁舌を振るうにつれ、言葉がしだいに熱を帯びてゆきます。緊張感も徐々に高まってゆきました。私からのシンプルな問いに伊藤氏は率直に応じ、歴史教科書について核心を聞く場面に差しかかります。

「そうですね。イデオロギーに災いされない、ありのままの日本の姿を、歴史的にですよ、日本の姿を……僕ら歴史学者として、後世に伝えていくことだし、それは国民に教育されるべきことだと思っています」

——歴史から何を学ぶべきだと？

「（歴史から）学ぶ必要はないんです」

この即答は、私の想定を超えていました。歴史学研究を否定するような言動にも感じられ、次の質問まで少し間が生じます。周囲の空気も張りつめてゆきます。

——それは、かみ砕いて言っていただくと。

「学ぶって、何を学ぶんですか。あなたがおっしゃっている、学ぶって」

——たとえば、日本がなぜ戦争に負けたか……。

「それは、弱かったからでしょう」

迷いなく応答しているように見えます。内心面食らいながら質問を重ねてゆきます。

――育鵬社の教科書が目指すものは何になるわけでしょうか。

「ちゃんとした日本人を作るっていうことでしょうね」

――ちゃんとしたというのは？

「左翼ではない……、やっぱり昔からの伝統をずうっと引き継いできた日本人、それを後に引き継いでいく日本人。いまの反政府のかなりの部分は左翼だと思いますけども。反日と言ってもいいかもしれませんね」

「ちゃんとした日本人」「左翼ではない」。こちらの心づもりをまた超えます。どのように返したらよいのか、動揺を隠しつつ、少し沈黙が――。次の言葉を継ぐまでのこうした「間」も映像の一部となり、見る側に臨場感を与えたようです。

歴史学者が語る「反日」という言葉。戦前の「非国民」「売国奴」を連想させ、正直、驚愕しました。歴史学者が「歴史から学ぶ必要はない」と断じ、持論を述べてゆく強烈さ。憚《はばか》ることなく、ここまで言い切ってよいと思えたのはなぜでしょうか。こうした言説を許容する空気が社会の側にあると感じるからこそ、発せられたのでしょうか。

「ちゃんとした日本人」が右翼か、左翼かといった思想的立場はどうでもいいと思います。むしろ、歴史がひとつの道徳観に基づいた色を帯びることに、私は言いようのない拒否感を覚えたのです。育鵬社の教科書は、〝歴史を学ぶ〟のではなく、国家にとって歓迎すべき〝道徳を学ばせよう〟としているのではないか。子どもたちの内面に踏み込む恐れのある価値観が、すでに教育現場を覆っているのだろうか。このインタビューの衝撃は、しばらく頭から離れませんでした。

安倍晋三氏が教育への政治介入を推奨

育鵬社の教科書に関して、その採択の状況に触れておきます。

2015年採択時は大阪市や横浜市をはじめ大都市部を中心にかなり躍進しましたが、その後に組織的な採択運動の裏側が暴露されたのが響いたのか、2020年の採択数は、歴史で約8割減（占有率1・1％・前年度6・4％）、公民は約9割減（占有率0・4％、前年度5・8％）と大幅ダウン。東大阪市も大阪市も横浜市も不採択でした。

それでも育鵬社を新たに採択した自治体が山口県の下関市です。安倍元首相のお膝元山口県では、育鵬社がいまも健闘しています。

本作の場面で繰り返し語られているのは、安倍元首相のこの発言です。

「教育目標の一丁目一番地に、道徳心を培う」
「私はいまから約19年前、衆議院に出る時に政策の目標として道徳教育を復活するというのを出して、教育基本法を変えることによって実現することができました」
「（教育に）政治家がタッチしてはいけないのかといえば、そんなことはないですよ。当たり前じゃないですか」

2012年2月、民主党政権下で下野していた安倍氏が、大阪維新の会の松井一郎府知事と並んで教育について語るその舞台は、育鵬社を推奨する「日本教育再生機構」の地方組織のひとつ、「日本教育再生機構大阪」主催の「教育再生民間タウンミーティングin大阪」です。そこには同機構の八木秀次《ひでつぐ》理事長も同席していました。

続いて安倍氏は強い口調でこう呼びかけました。

「首長が非常に教育について強い信念を持っていれば、その信念に基づいて教育委員を替えていくんですよ。たとえば、あの横浜で育鵬社の教科書が採択されるというのは驚きなわけですよ。相当な決意を持って一人ひとり順次、教育委員に自分たちが決めようと強い意志を持っている人に替えていった結果なんですね。それができている地域だってあるんですよね」

人事によって教育委員会を掌握し、支配すればよい、そのように聞こえ、それは教育基本法の理念とは反します。「教育の独立性」の堅持は眼中にないのでしょう。

2020年9月、安倍首相の退任にともなって後継の菅義偉政権が誕生します。その菅政権で起きたのが「学問の自由」を揺るがす事態です。同年10月、日本学術会議の新会員候補6人に対する任命拒否問題が起きました。なぜこの6人が排除されたのか理由はいまだに説明されていません。菅首相は「総合的、俯瞰《ふかん》的な活動を確保する観点から判断した」と述べましたが、明確な説明はなく、6人が求める公文書開示請求さえも拒絶しています。任命拒否された学者たちは、SNSによって誹謗中傷を浴びせかけられました。

ネット内では、日本学術会議に関するデマが爆発的に増え、主に3つのデマが組織的に流布されたと指摘されます。

ひとつめは、自民党衆院議員の甘利明氏が自身のブログで「日本学術会議は、中国と協同している。『千人計画』で中国の軍事政策に参加している」との趣旨の文章を発信したことです。まったくのでたらめです。ふたつめは、多数のコメンテーターや政治家が学士院会員と勘違いさせて、年金200万円が生涯もらえる、貴族のようだと吹聴したこと。みっつめは、とある学者の研究を学術会議が妨害したと糾弾する言説が大量に流されたこと。これも事実無根の言説です。任命拒否に抗議している学術会議は「反日組織」と攻撃されて、学者にもその矛先が向けられています。

日本学術会議はこれまで歴史教科書に対しても数多くの提言をしてきました。「学問の自由」が尊重されなくなれば、子どもたちに配る教科書への信頼が危うくなる社会がやってくる危険性があるのではないでしょうか。

『教育と愛国』は政治的か？

「インタビューこそドキュメンタリーを左右する」。こう私の職場では語られています。『教育と愛国』は、ドキュメンタリー制作で大事なインタビューによって、問題の本質に迫る事実をつかめたケースではなかったかと振り返って思います。『映像』シリーズならではの幸運でしょう。けれど、実のところニュース現場にいた時の自分はややインタビューへの意識が足りなかったと反省しています。

テレビ業界、とくに民間放送で仕事をする人たちは、過去も現在もインパクトのある「動く画」を好む傾向にあります。「強い画はどれや？」「派手な画はあるのか」。テレビ取材者ならばきっとこんなふうにデスクやプロデューサーから聞かれた経験が多くあるでしょう。そのいっぽうで、インタビューがとても重要であるという自覚が薄くなっているように思います。

誰に何を聞くか、どんな場所を選んで、どのように聞いてゆくのか、基本でもあるこうした取材はたいへん奥が深く難しく、経験を積んだとしても、相手しだいで一筋縄ではいきません。ドキュメンタリー制作の柱のひとつです。いまならそう明確に伝えることができます。


『沖縄　さまよう木霊』に続き、本作でも「政治的」という言葉に強く引っかかりを感じる場面に遭遇します。それは、ある教科書会社への取材をめぐり、取材を拒否されるその理由として「政治的な脈略の中に教科書を置く取材はすべてお断りしています」と告げられたことです。教科書を政治的なものにしているのは、メディアではなく、まさに政治の側なのです。歴史学者の家永三郎氏が魂の自由を求めて長年闘い続けた裁判も、いわば政治との闘いです。

政治を直視せずに黙り続けていれば、教科書はますます政治の色を帯びてゆくのではないかと私は懸念しています。政治からの攻撃はデマをも最大活用し、理由もなく容赦なく襲いかかってくるものではないでしょうか。

メディアであるはずの教科書出版社が「政治圧力」に怯《おび》えて、声をあげることすらできない状況であるならば、日本の「教育の自由」も「学問の自由」もこのまま先細りするのではないかと思えてなりません。

第二章　記者が殺される

4 『映像'18 バッシング〜その発信源の背後に何が』（2018年12月16日放送）

セーターを選んで取材した思い

寒い冬は、首まで暖かなタートルネックのセーターをよく着ます。寒空の下で人を待つという取材も珍しくなく、防寒のセーターは6色ほどに。そのうちの淡いピンクにも見える「ベージュ」はお気に入りの1枚です。

2018年に放送した『バッシング』の制作が佳境に入っていた時、このベージュをよく着ていました。当時は、放送日が決まっているのに必要な取材がクリアできておらず、番組が破綻するのではないかと胃が痛くなり、現場に出ていても、職場に戻ってデスクで作業していても、とにかく頭痛がしてくるほど、綱渡りの細い綱の上にいるような心理状態でした。その綱をやっと渡り切り放送に至った時は、自身もバッシングの対象にされている渦中にあるにもかかわらず安堵感《あんどかん》がありました。ベージュのセーターを見るたびに思い出します。ゲンを担いだわけではありませんが、ベージュが幸運を呼び寄せてくれたのかも。そんな取材の舞台裏と色にこだわる理由を述べようと思います。

40年間続いてきた『映像』シリーズは、「記録性と発掘性を軸に、制作者の顔が見える形で、番組を組み立てていく」（初代プロデューサー貝谷昌治氏の言葉。『映像シリーズ40年』MBS、2020年）ことを基本姿勢に、個性的な報道ドキュメンタリー番組の制作を目指してスタートしています。時代を浮き彫りにするそのテーマは幅広く、戦争からアートまでバラエティーに富んでいます。

そうは言っても、制作者自身は出演しない作品群のほうが圧倒的に主流です。そのほうが、幅広くさまざまな視聴者の共感を呼びやすい、と考えられてきたと思います。私自身も「姿を見せない」系譜のディレクターになろうとしてきました。これは先輩たちの流れに沿うという より、自己顕示がどうも苦手で、黒子の存在がカッコいい、そのほうが好き、という感性と性分によるものです。

しかし、『バッシング』では、ベージュのセーターを着て自身を何度も登場させました。意図的に顔を晒したのには理由があります。自分の好みは二の次です。社会現象を描くためにあえて必要だと考えたのです。差別と偏見を煽りバッシングの波を作り出すブログ主宰者と電話でやりとりする場面にもベージュで出演しています。その後、私自身が映っている画面や実名がネット内に挙げられ、批判や中傷の対象になります。

『バッシング』の制作は、当初から自身に火の粉が降りかかると自覚していました。そのことも映像化できればさらにリアルだと考え抜いて実践した、挑戦的とも言える作品です。挑戦するぞと思えたのは、『なぜペンをとるのか』から『教育と愛国』の制作に至るまでの一連の取材で目の当たりにしたネット社会の現象に強く関心を抱いていたからです。ネットの炎上はどのような仕組みで起きているのか、素朴な問いを立ててみました。が、ネットバッシングの行為を正面から取材すれば、自身にも必ず矢が向けられるに違いない、そのように想像がついたのです。リスクを把握しつつも「制作者の顔が見える形」の番組にしてみたい。そこで、いくつか作戦を立てます。ベージュとパープルの2枚のタートルネックのセーターを選んで取材を始めたのも、作戦のひとつでした。

顔の見えない「匿名」の人びとが、教科書の慰安婦記述をめぐり、一斉に学校へ同じ文面の抗議のハガキを送りつけるという教科書攻撃への流れを描くことになった『教育と愛国』。その時は、匿名の人びとを直接取材することはありませんでした。いっぽう、ネット空間で繰り返し起きている個人への誹謗中傷や攻撃の流れも、その匿名性において相似形と言えます。

その顔はまったく見えません。けれど、「声」として存在し、行動もします。あの「偏向」教科書、あの「偏向」学者に対し「襲いかかれ！」とひとつの方向へ扇動される人びと＝「群衆」を照射し、取材する状況を考えるにあたり、取材者である私自身は逆にはっきり顔を晒して姿を視聴者に見せなければならないと直感的に強くイメージしたのです。

そう考えた時、人は服装で見た目の印象が変わることがハンディに思えました。そうだ、すぐ取材者とわかるよう、ずっと同じ服を身に着ければいい。取材が連日続くことも考慮し、色の違う2枚のセーターを一日交替で着るようにしよう。こうして取材を重ねていきます。

そこで奇妙なことが起きました。取材がうまくいくのは、なぜかベージュの日ばかり。パープルの日は空振りです。ベージュは、ラッキーカラーなのか？　完成した『バッシング』に登場する自分は、ずっとベージュのセーターを着ています。

放送後、後輩が聞いてきました。「ずっと同じ色のセーターを着て取材してたんですか？」。不思議そうに尋ねる後輩ディレクターを前にして、視聴者も何人かは気づいてくれただろうと思えたのでした。

ベージュのセーターを身に着けると、バッシングに走ってしまった側と、その被害を受けた学者や弁護士の側の双方を行ったり来たりして取材した日々の緊張感と焦燥感が蘇ります。

今回は伝えるために満身創痍《そうい》になってもいい。それも自身で取材してしまえばいい。やぶれかぶれに聞こえるかもしれませんが、意味のある開き直り、受忍の心境です。社会現象を描くために自らをも「ネタ」にする創意工夫のひとつと考えたのです。その思いの出発点は何なのか。それは、教育が政治主導になっていく危険性を察知した出来事です。

いまでも時々「あの斉加さん」と言われる因縁めいたその「事件」については『なぜペンを

とるのか』の章でも触れましたが、少しおさらいします。

出発点は大阪の教育問題

「教育とは2万%、強制です」（2011年6月12日、橋下徹氏ツイッター）

地域政党「大阪維新の会」を誕生させて代表になった弁護士の橋下徹氏は、府知事時代に自らの教育観をこう示しました。大阪府の教育公務員らに入学式や卒業式で国歌の起立斉唱を義務付ける大阪府国旗国歌条例を成立させる際に、批判記事への反撃でつぶやいた内容です。この条例をもとに翌年3月、府立高校で教員たちを対象に『君が代』を歌っているかどうか「口元チェック」までする校長が現れます。

府市のダブル選挙で大阪市長に鞍替えした橋下氏が、卒業式での教員に対する「口元チェック」を「素晴らしいマネジメント」と絶賛したことはすでに述べた通りです。

当時、橋下市長は支持率が抜群に高く、首相候補だと雑誌やテレビで持ち上げられていましたが、公教育を「強制」だと単純化する発想は、教育全体の多様性を狭め、専制政治を生む土壌を作るとも言えそうな考え方です。国歌『君が代』に対するイデオロギー対立より深刻です。教員が「歌わない」ことで処分される姿を子どもが目に焼きつけてゆく。従わないなら辞めてしまえ、排除してしまえ、そう威嚇してやまない権力を見せつける。これこそ看過できないと感じたのです。

教育が学びではなく強制ならば、学校職場はトップダウンに従えばいいだけのことです。先生は考えることをやめ、「不当な支配に服する」ほうが楽に生きられます。戦前の「教化教育」「皇民化教育」とどこが違うのでしょうか。

私が罵声を浴びせられた囲み会見の取材は、覚悟なんてものはなく、偶然の賜物でした。特別な強がりでもなく、「政治家は詭弁《きべん》も弄するし、嘘もつく。あの激高は尋常じゃないな」と私なりに冷静に分析しました。打たれ強い性格だからかもしれませんし、「記者は臆することなく」と教育されてきたからかもしれません。

ところが、その後ネット内で「あんな女性記者は辞めさせろ」「死ね」と非難が渦巻く事態となり、政治家の尻馬に乗って憎悪が流れ出てくる様子を目にします。政治家の意に沿わない記者を否定し、仮に存在も抹殺すべきと考える人が多いとなれば、世の中はどう変化するでしょうか。自身の心が傷つくというより、待ち受ける暗い社会を想像して空恐ろしく感じました。

こうした稀有な体験もし、免疫もすでにできています。これらすべてが番組制作の材料になるかもしれない。ネット内では中傷が中傷を呼ぶだろう。ちょっと危うい実験をする感覚だったと思います。「やろう」「きっと、できる」、そんな気持ちが内面に湧いてきたのです。心の奥底にある自由をフルに発揮し、ネットの波立つ世界へ。自分のアイデアに駆り立てられて

『バッシング』の取材へと走り出します。

そもそも企画案は意外なところから生まれました。企画書を書くきっかけは、半年前の6月にさかのぼります。

企画案は「短歌」と科研費バッシング

たとへば君　ガサッと落葉すくふやうに私をさらつて行つてはくれぬか

国語の教科書にも掲載されている現代短歌のひとつ。京都在住で2010年に乳がんで亡くなった歌人河野裕子《かわのゆうこ》さんの作（1968年）で、詠んだのは学生だった21歳の時です。

「こんなふうに言われたら、どうする?」「さらわずにはいられないやろう」

このように語って学生たちの心を和ますのは歌人の永田和宏さん。1967年に河野さんと恋に落ち、その後伴侶となる永田さんは宮中歌会始の選者であり、もうひとつの顔が世界的にも著名な細胞生物学者です。

私は、永田さんの著書『現代秀歌』（岩波新書、2014年）を読んで以降、取材したいと企画書を用意し、機会をうかがっていました。

２０１７年、チャンスが訪れます。第40回現代短歌大賞に永田さんが選ばれたことを知り、取材を申し込みます。企画書の当初のタイトルは「危機を詠《うた》う」。河野さんとの相聞歌を中心にした番組は、すでにＮＨＫが制作していたため、時事問題や社会的な出来事について詠い上げる「社会詠」を中心に制作しようと考え、企画書にはこのように書きました。

言葉がいま極端に捻じ曲げられようとしている。あるいは言い換えられることによって、言葉が本来、持っているはずの意味が、無化されようとしているという現象がつよく社会の中に起こっている。とくに政治の中で起こっている。

文学者であり科学者でもある永田さんを２０１７年秋から２０１８年夏にかけて取材、『記憶する歌～科学者が詠う三十一文字の世界』（２０１８年8月26日放送）を放送します。

最初のプランでは、政治に物申す永田さんに焦点を当てていました。けれど社会詠に絞っていいのだろうか、と疑問が湧いてきます。「危機を詠う」から「記憶する歌」へ。妻を偲《しの》んで詠む歌から、老いに向き合う歌まで、永田さんの多面性をまるごと取り上げました。

用意した「演出」や「筋書き」にこだわるのではなく、あくまで「事実」と「偶然」に向き合ってみる。作り手の側が全体像に歩み寄ってゆく。ドキュメンタリーという世界に忠実でありたいのです。

保守系雑誌が科研費ランキングを掲載

「短歌」で少し回り道をしましたが、いよいよ本題です。この取材中、永田さんの身に起きたアクシデントをきっかけに『バッシング』の企画案が浮かんだ日のことを振り返ります。

2018年6月6日、永田さんから電話がかかってきました。保守系論壇誌『正論』7月号に「反戦学者」を槍玉にあげるランキング記事が掲載されているというのです。

「斉加さん、そのトップを飾っているのがどうも僕らしい」と永田さん。

「えっ？」絶句した私は、続けて「その雑誌を私が買って確認してきます」と返しました。

すぐにMBS本社に近い丸善ジュンク堂書店に走り、『正論』7月号の見出しを確かめて購入し、中の記事に目を通しました。

カラー刷りの表紙の見出しは、次の通りです。

「あの反戦学者につぎ込まれる公金はいくら？　科研費ランキング　徹底調査」

中に掲載された記事の大見出しは、大文字で表記されていました。

「あの反戦学者の研究費に、いくら公金がつぎ込まれてる？　科研費ランキング」

さらに見開き左ページ上のタイトルは、より中身が具体的です。

「『安保関連法に反対する学者の会』呼びかけ人科研費ランキング」

そこには「呼びかけ人」62人の学者の名前と肩書、それぞれの科研費の額が挙げられていま す。そのランキング1位が永田さんでした。科研費とは、人文・社会科学から自然科学までで すべての分野を対象に国が委託した複数の専門家が審査し、一定の基準を満たした研究に対して支給されるもので、「科学研究費助成事業」という学問への公的な支援制度です。「競争的研究資金」とも呼ばれるこの科研費は、当然ながら自然科学系の研究者の方が額は大きくなります。

「永田先生　スキャンに手間取り、遅くなりました。『正論』の記事、内容は予想通り、こんな記事が政治家の間で読みまわされているのかと思うとぞっとします。お読みになったらすぐ忘れてください」

記事を送信して30分もしないうちに永田さんから返信が届きました。

「ありがとうございました。いやはやと言う他はありませんね。しかし、トップに置かれてしまうのは気分のいいものではありません」

さすがの永田さんも不安を感じられたのでしょう。「何かあれば、私が取材します」、少しでも不安を軽くしていただきたいと思い、そうお声かけしたと記憶します。

ところが不安は的中します。しばらくすると、この記事を盛んに活用する国会議員が現れました。徴用工や慰安婦問題などに関する研究を「反日プロパガンダ研究」と決めつけて国会の場で学者を槍玉にあげていた自民党衆院議員の杉田水脈《みお》氏。彼女が自身のツイッターで、次のように拡散しました。

今更なのですが、現在発売中の正論の記事。とても興味深いです。「安保関連法に反対する学者の会」呼びかけ人科研費ランキングが載っています。1位の方はなんと9億円！このように調査をされる方が出てきてくださって本当に嬉しいです。砂畑涼さん、ありがとうございます！（6月28日）

砂畑涼というのは、科研費ランキングの記事にあったジャーナリストの名前です。しかし、ネット検索しても、この記事以外に執筆した実績はまったく見つかりません。つまり誰かが記事を書いて、その場限りの使い捨てペンネームを記したのです。国会議員にもお褒めいただけるような記事なのに、執筆者はなぜ実名で書かないのでしょうか。名前を隠すのは、何かワケがあるのでしょうか。

さらに杉田氏のツイッターは永田さんを名指しこそしないものの、記事の写真が添付されているため、フォローするネットユーザーらがすぐに学者名を書き込んでツイートし、大量拡散する動きが広がりました。まるで「連携」を打ち合わせていたかのよう。

こうして名指しされた学者たちは、ネット空間で「標的」のようにされてゆきます。当時、永田さんは、京都産業大学タンパク質動態研究所の所長で、そのラボに集まる院生の数も多く、1位にされた9億円という科研費は、10年の合計額。インタビューに対して次のように危機感を述べていました。

「びっくりしましたね。僕の場合、桁がふたつぐらい違うので。ああいう形で知らないうちに研究の自由度が狭くなっていくのは、怖いことだと思います」

『バッシング』の企画書を作成した日付を確認すると、6月12日。この『正論』7月号を買いに走った6日後、番組プロデューサーに「次々作の企画書です」とメールに添付して送っていました。この原案の書きなぐりからは、自分の中で完全に「アラート」が点滅していたことがわかります。学者に限らず、これまでにも沖縄の新聞記者やテレビ記者たちがネットで標的にされる実態を見ていただけに少し肩に力が入り、当初の企画タイトルには、直球勝負と言える大仰な言葉が並んでいました。そのタイトルも「『反日』攻撃〜ジャーナリズムとアカデミズムは今」。いま読むと気恥ずかしさを覚えます。ただ、企画意図の骨組みはすでにはっきりとイメージされていました。

今年5月、法政大学の田中優子総長が、研究者バッシングに反論するメッセージを発表した。反日活動に科学研究費（科研費）が使われている、税金の無駄遣いではないか、と法政大の学者たちを国会で追及する自民党議員が現れたのだ。田中総長は「研究者の政治的立場や考え方で研究費が線引きされれば、憲法で定められた学問の自由が脅かされる」と強く異議を唱えた。

だが、議員らの動きに呼応するかのように、保守系の雑誌「正論」が「反戦学者につぎこまれる科研費ランキング」という記事を掲載。「安保関連法に反対する学者の会」に名を連ねた学者の研究費を調べ上げ、その額を順番に掲載した。トップは細胞生物学者で歌人の永田和宏氏、ノーベル賞科学者の益川敏英氏の名前もある。（中略）

いま学問とメディアはなぜバッシングの対象とされるのか。高度に経済成長を果たした社会で分断が深化した果てに、大衆自らが「自由から逃走」しようとする、そうドイツの社会心理学者、エーリッヒ・フロムは分析した。第二次世界大戦中のことである。いま現代版「自由からの逃走」が起きようとしているのだとしたら、その背後に目を向けなければ、逃走がやむことはないだろう。

学問とメディアを「攻撃しろ」と扇動する人びととそれに「呼応する」人びと。その社会的事象を描き、何が背後にあるのかを探っていく。

最後の2行は、実際に制作した番組『バッシング』の冒頭とラストのナレーションとも重なるコメントです。企画時点でこのように書けたのは、永田さんへの取材があったからこそ。

そうは言っても、実際にこのテーマの取材対象をどのように絞り込んでゆけばよいのか、苦慮する日々が始まりました。

大揺れの大阪大学、牟田《むた》和恵教授のもとへ

アカデミズムへのバッシングを描くには、「反日」と非難されている学者たちの中の誰を取材すればよいのか。その迷いが吹っ切れたのは、2018年の9月下旬、いわゆる「ネトウヨ」たちの傾向に思いが至った時です。どの学者へ集中的に攻撃を仕掛けているか観察しつつ、ひとつの考えに行きつきました。女性学者への誹謗中傷に絞って取り上げるべきではないか、と。なぜなら、男性に比べ、女性を標的にした罵詈《ばり》雑言のほうがネット空間では拡散スピードが速く、その量も格段に多いと感じていたからです。ネット空間には「ミソジニー」（女性に対する憎悪や蔑視の感情）が渦巻いていると言ってもいいでしょう。さっそく、いくつものアカウントから集中的に攻撃されていた大阪大学の牟田和恵教授にメールを送信しました。

牟田さんは、性暴力やセクシャルハラスメント研究の第一人者で、性被害におけるジェンダ

ー研究の立場から日本軍の慰安婦問題にも関わっていました。私が牟田さんに送ったメールです。

「アカデミズムへの不当なバッシング、中でも女性学者への誹謗中傷について、その正体や背景は何であるのかを探ってゆく取材をしたいと思っております。科研費の件で、牟田先生が政治圧力に晒されながらも、毅然とご対応されてらっしゃるご様子をネット上で拝見しておりました。ご多忙とは思いますが、まずはお話をお聞きさせていただきたく、お時間を頂戴したいと思います」

撮影インタビューをする前の打ち合わせに相当する、よくある「事前取材」を申し込みました。こちらの趣旨説明をメールで済ませ、カメラマンを同伴してインタビューをすぐに撮るケースもありますが、牟田さんの場合、連絡を取った時点ですでに裁判準備を始めていました。そのため、取材を受けるタイミングや放送後の影響を懸念されていることがわかり、入念な打ち合わせが必要だと判断したのです。

10月1日、私は初めて牟田さんの研究室をひとりで訪ねました。大阪大学の吹田《すいた》キャンパスは医学部附属病院と同じエリアにあります。大阪モノレールの阪大病院前駅から急な坂道をくだって人間科学部の研究棟へ向かいました。

ここでも偶然とは、面白いものです。牟田さんの研究室の前にたどり着くと、その隣の研究室から聞き覚えのある声が漏れてきます、あれ?と表札を見ると、よく知る辻《つじ》大介准教授の部屋だったのです。辻さんはインターネット空間のデータ分析もされるコミュニケーション社会学の研究者で、２０１８年6月に出版した『フェイクと憎悪―歪むメディアと民主主義』（大月書店）で13人の共著者のひとりとしてご一緒しました。

初対面の牟田さんに、辻さんと共同執筆した本があることなどを伝え、ドキュメンタリー番組の趣旨を説明してゆくと、警戒を解いてくださったのか、会話がスムーズに進んでいきます。

そして、牟田さんが話してくださった一連のバッシングの中身は、予想を超えるすさまじさでした。私は衝撃を受けます。

発端はやはり、杉田水脈氏による国会質問でした。この取材時点からさらに遡る2月26日、衆院予算委員会分科会で科研費について触れ、その使われ方に問題がある、と次のように彼女は「告発」しました。

「いま、慰安婦問題の次に徴用工の問題というのは非常に反日のプロパガンダとして世界に情報がばらまかれておりまして、（中略）そこのところに日本の科研費で研究が行われている研究の人たちが、その韓国の人たちと手を組んでやっている」

アカデミズムの世界では、どの分野でも国境を越えた共同研究が、当たり前に行われます。いったい何を根拠に「反日プロパガンダ」と決めつけているのでしょうか。この発言だけでも国会議員の資質を問われます。しかし、バッシングの呼び水となるように、国民が納得しない研究に税金を投じるのはおかしいと訴え、科研費に対する非難をエスカレートさせてゆきます。

3月には、第一章で取り上げた「教育再生首長会議」の設立総会（2014年6月）で講演した政治ジャーナリスト櫻井よしこ氏が司会を務めるインターネット番組『言論テレビ』に杉田議員が出演し、牟田さんの名前をフリップに掲げて、櫻井氏と次のように解説しました。

「こっちにも、ありますね、反日学者の科研費」「この方は牟田和恵さんという大阪大学のジェンダーのフェミニズムの教授の方なんですけど、この方がですね、ジェンダー平等社会の実現に資する研究と運動の架橋とネットワーキングということで、1755万円。これもさっきの額と比べれば、小さいかもしれないけれど、大きい額ですよ」「慰安婦問題が解決しないのは日本国内の右翼の言論家とか政治家のせいだっていう論文を書いてるんですよ」「もしかしたら（論文の）本文の中にも櫻井よしこ先生のお名前も入ってるかもしれません（笑）」（3月16日）

杉田議員は、2012年に日本維新の会から出馬し比例近畿ブロックで初当選。14年の総選挙では落選しましたが、その後、安倍首相が杉田氏を気に入り、櫻井氏の後押しもあって、17

年の総選挙では選挙区からではなく、比例中国ブロックのみからの出馬という〝厚遇〟で当選、国会議員に返り咲きました。

ネット攻撃で学生にも変化

このころ、杉田水脈議員に呼応するようなツイッターアカウントの存在に気づきます。牟田さんに集中砲火を浴びせる中心的役割を果たしていく「CatNewsAgency」という匿名のアカウントです。

もともと猫の顔をアイコンにして「『メディアの権力』を監視しています」というキャッチフレーズで情報を発信していました。たとえば新聞、テレビ、通信社の記者たちに関心を寄せて、安倍政権や自民党議員を追及する記者の個人名を暴いていました。

国会で杉田議員を追いかけるこいつは朝日の○○記者、経歴は……。○○通信の反日記者○○は父が社会科の教師で日教組の香りがプンプンする。財務省トップをセクハラで告発したテレビ朝日の○○記者は……、などなど。とにかく個人名を挙げて拡散するのです。

さらに力を入れていたのが、NHKのドキュメンタリー批判です。「NHKの反日ドキュメンタリーは誰が作っているのか」と槍玉にあげ、「戦争」や「日本国憲法誕生」などをテーマにする番組をぶった切っていくことに使命感を燃やしているようでした。「偏向番組」と決めつけるのはもちろんのこと、日本国憲法成立秘話に関する番組を制作しているプロデューサーに対しては、まるで「敵」に対する「諜報《ちょうほう》活動」のように過去を掘り起こし、手がけた番組名の一覧表を作成するなど、几帳面と言えるほど情報収集に励んでいます。たぶん日本国憲法が嫌いなのでしょう。

その「CatNewsAgency」が、杉田氏が国会で科研費をなぜか問題視して追及した直後から同調するように「『科研費監視』始めました」とプロフィールに加筆し、「私が他の有名左翼学者たちの科研費を調べて列挙。この時、大阪大学教授・牟田和恵の科研費内容があまりに酷《ひど》かったので、独自で調べてツイートとまとめで告発」するとしていました。牟田さんを激しく非難したのです。

援軍に気をよくしたのか、杉田議員の放言はやみません。4月に入ると自身のツイッターを使って、牟田さんたちの研究に関して「捏造《ねつぞう》」とまで言い放つようになります。

> 1755万円の科研費を使って「私のアソコには呼び名がない」というイベントを開催したり、『慰安婦問題は #MeToo だ！』という論文を成果として発表している大阪大学・牟田和恵教授の活動を毎日新聞が取り上げています（4月11日）
> 新世代によるフェミニズム　他の社会運動と連帯探る　フェミニズムとは関係ないヘイト

スピーチや民族差別を無理やりこじつけてイベントを開いています。これはもう、「研究」ではなく「活動家支援」。科研費のあり方が問われます。（同）

学問の自由は尊重します。が、ねつ造はダメです。慰安婦問題は女性の人権問題ではありません。もちろん #MeToo ではありません。（中略）我々の税金を反日活動に使われることに納得いかない。（同）

4月29日、法政大学の山口二郎教授が東京新聞のコラム欄に「科研費の闇などない」と反論を掲載しました。

杉田水脈、櫻井よしこ両氏など、安倍政権を支える政治家や言論人が、「反日学者に科研費を与えるな」というキャンペーンを張っている。（中略）政権に批判的な学者の言論を威圧、抑圧することは学問の自由の否定である。

同日、杉田氏はすぐさまツイッターにこの記事を貼り付け「身内に甘いのでしょうか?」と非難し、翌日も「私は科研費の事実（誰にいくら等）を示しているだけで、多い、少ない、無駄であるという判断は納税者の方がされればいいと思います」と畳みかけます。

すると、このやりとりをまるで待っていたかのように、産経新聞が次の見出しでネット記事を配信しました。

科研費めぐり杉田水脈衆院議員らと山口二郎・法政大教授がバトル　6億円近い交付指摘に山口氏「根拠ない言いがかり」「学者の萎縮が狙い」（5月3日）

長文の記事は、両論併記を装いつつ、締め括りは杉田氏の側の肩を持つというワザを見せます。

ツイッター上では賛否両論が渦巻いているが、杉田氏の活動を非難する声がある一方、「理系より文系が優遇されすぎでは？」「領収書を公開して」などと科研費の選考過程や使い道など、内実が不透明に感じると指摘する声が多かった。（ＷＥＢ編集チーム）

こうして国会議員という「権威」と「権力」を握っている杉田氏のツイッターに呼応して、ネットの周りの「声」が大きくなってゆきました。とはいえ、本当に文字通り「指摘する声が多かった」のでしょうか。

すばやく「CatNewsAgency」も加勢に入ります。山口教授の記事に対するツイートを連打、牟田教授についても具体的批判を強めてゆきます。

科研費を使ったシンポジウムには、牟田和恵教授のように、活動家ばかりを集めたいい加減な事例もあるので、ちゃんと精査する必要があるでしょう。海外から大量に招聘して、ホテル代と飛行機代に散財した挙句、懇親会のような内容だったら堪りませんね。（5月4日）

言うまでもありませんが、このツイートに記述された内容はどこにも事実がないデマです。「活動家ばかり」という決めつけには何の論拠もありません。ところが、しだいに大阪大学に対し、抗議電話がかかってくるようになります。「電凸《でんとつ》」と呼ばれる、「ネトウヨ」が常套《じょうとう》手段とする直接行動です。「なぜあんな女を教授にしているのか」などと、名前も名乗らず強い口調で絡んでくる電話が増え、応対する職員が疲弊してゆく姿に牟田さんは胸を痛めます。

こうしたネット内に流れる書き込みに影響されたのか、牟田さんの講義の聴講生にも変化が現れました。「科研費を無駄使いしているというのは本当ですか」（4月13日）とコメントシートに書く学生まで現れたのです。

産経新聞記者と杉田水脈議員が結託？

さらに大学に追い打ちをかけることになったのが、産経新聞の政治部記者による取材でした。5月、大阪大学には科研費に関する関係書類などの情報公開請求もなされたといいます。大学当局は法律に則《のっと》り請求者を明かしていませんが、一連の流れから見て、当時取材してきた産経記者ではないか、と思われます。

取材自体はもちろん正当な行為です。疑わしい、という段階で関係者に問い合わせるのも、開示請求するのも何ら問題ありません。しかし、この産経記者に対して回答した大学側のコメントが、産経の紙面には一切掲載されていないのです。にもかかわらず、5月に配信されたインターネットテレビ『言論テレビ』の中で櫻井よしこ氏の発言を受けて、杉田議員が「科研費は使われていないという回答が大阪大学（の関係者）から来たんです」とこの大学側のコメントを解説し始めたのです。

杉田議員が直接、大学に問い合わせたのか？　牟田さんを通じて確認しましたが、そうした事実は見当たりません。7月に青林堂（東京都渋谷区）から出版された杉田氏と小川栄太郎氏の対談本『民主主義の敵』で、杉田議員が自らソースを明かしました。産経新聞が得た情報を元に牟田さんの名前を挙げ、批判を展開しているのです。

大阪大学の牟田和恵教授を代表とする研究チームが、１７５５万円をもらっています。彼女は『慰安婦問題は#MeTooだ！』という動画をつくっていますが、ただ韓国ソウルの水曜デモを延々と流しているだけで、あの挺対協《ていたいきょう》の尹美香《ユンミヒャン》代表のインタビューも含まれています。「産経新聞」が阪大に問い合わせたそうです。「これは何だ？」と。すると「それは科研費は使っていない」というんです。

繰り返しますが、産経新聞はこの大学側のコメントを自社の紙面では一切、記事にしていないのです。

産経記者による報道目的の取材が、記事にはならず情報だけ外部の政治家に漏らされる、つまりひとりの自民党議員の政治目的のために新聞社の力が利用されているのだとしたらいったいなぜでしょうか。このことを質したＭＢＳの取材に対し、産経新聞社広報は「個別の事案には答えられない」と回答を避けました。

後日談になりますが、放送後、広報担当者からどのように報じたかの問い合わせがあったため、「貴社に関することは、ご回答を含め一切番組では触れておりません」と伝えたところ、その担当者から「番組放送のご連絡をいただき、ありがとうございました。たいへん助かります」とメールが返信されてきました。広報担当者がホッと胸をなでおろしたかのように読み取れるその内容には首をかしげざるをえませんでした。

杉田氏は対談本でも「反日」という言葉を繰り返し、研究者のイメージを貶めることに熱心です。これは、学問への攻撃と言える、大きな問題です。

この件とは別ですが、彼女たちのシンポジウムのチラシを見ても、それが科研費で開催された疑いはぬぐいきれません。実際、そこにつながる反日集団の名前もあります。

牟田さんは、さすが、科研費の審査委員もされる社会学者です。事態を冷静に分析して、こう述べていました。

「反日学者であるとか、匿名で誹謗の電話だとかメールだとかが行っているようなんですけれども」「私がそのターゲットにされてて言うのもなんですけども、ああ、この人たちは気持ちいいんだろうなって、発言の端々を見て思いますね」

とはいえ、あらゆる方向から次々に矢が向けられる状況に追い込まれ、一時期、体調を崩されたそうです。取材時にはそんなことはおくびにも出さず、杉田議員に対し、次のように釘《くぎ》を

『バッシング』杉田水脈議員の映像をチェックする牟田和恵教授（2018年）

刺していました。

「研究者にとって自分の研究がねつ造であると言われるのはその研究者生命に関わる非常に重大な誹謗中傷で、自分の発言に対する社会的責任というものを公人としてどう考えているんだろうかと」

「科研費の使用に対して国会議員が、政治が、内容に干渉してくるということですね。それは、ほんとうにあってはならない、まさに戦前回帰になってしまうことだと思います。政権与党が気に入る方向でしか研究できないと、研究費が支給されないというようなことになると、日本の社会科学、人文科学はいったいどうなってしまうのかと」

その後、牟田さんはじめ研究者4人が、杉田議員を相手にツイッターなどで誹謗中傷され名誉を傷つけられたとして、合計約1100万円の損害賠償と謝罪文掲載などを求めて提訴しました。2019年

2月の提訴当日に牟田さんたち研究者の記者会見をニュースで取り上げたテレビ局は、MBSだけです。新聞は全社が報じたと思いますが、テレビの反応が鈍いのはなぜでしょう、他局の撮影クルーもいたのに。裁判は京都地裁で現在も続き、2022年5月25日に判決が出る予定です。「杉田氏は一貫して説明責任を果たさず、逃げの姿勢を貫いている」と、牟田さん側の代理人弁護士は嘆いていました。

2018年の番組取材時、東京の議員会館にある杉田氏の事務所にFAXを送信、科研費をテーマにインタビューしたいと申し入れ、何度も電話をかけて取材依頼しました。

同年7月、月刊誌『新潮45』（同年10月休刊）8月号に杉田氏が寄稿した文章「『LGBT』支援の度が過ぎる」が炎上し、メディアの取材が殺到した直後だったせいか、電話口の秘書は困惑気味に「議員本人に聞いてみますが……」と慎重な口調で応対していました。

杉田氏は『新潮45』で性的少数者について「LGBTのカップルのために税金を使うことに賛同が得られるものでしょうか。彼ら彼女らは子供を作らない、つまり『生産性』がないのです」などと差別的意見を表明し、にもかかわらずこれを国会内で記者たちに追及されるとそこから逃げまわり、説明責任を一切果たさないまま時間が経過していました。私はあえて秘書に対し「LGBTに関することには今回触れません。科研費に絞って見解をお聞きしたい。国会で発言されておられた趣旨を踏まえ、ぜひ取材を受けてほしい」と強く要請しました。

ところが、3回目だったでしょうか、こちらの電話に対して秘書が、「取材をお断りしたい」と拒否の意向を伝えてきました。なぜですか？と食い下がると、その秘書は「議員本人に打診したけれど、『科研費に詳しくないのでインタビューは受けられない』と言っている」と説明したのです。その理由を耳にした時は、さんざん国会で問題視しておきながら、と開いた口がふさがりませんでした。

「ご飯論法」上西充子《うえにしみつこ》教授との出会い

2018年6月時点で企画書を書き上げたのは、すでに述べた通りです。その直後、法政大学へ取材を申し込みました。

注目したのが、同大学キャリアデザイン学部の教授、労働学者の上西充子さんです。上西さんは同年5月、国会で流通している話法の欺瞞《ぎまん》をツイッター上で鋭く指摘した投稿が話題になりました。その後、あちこちで引用されている「ご飯論法」と名付けられたその内容は、当時の国会での政府答弁の中身のない在りようを突くものでした。

Q 朝ごはんは食べなかったんですか？

A ご飯は食べませんでした（パンは食べましたが、それは黙っておきます）。

Q　何も食べなかったんですね？
A　何も、と聞かれましても、どこまでを食事の範囲に入れるかは、必ずしも明確ではありませんので……。
Q　では、何か食べたんですか？
A　お尋ねの趣旨が必ずしもわかりませんが、一般論で申し上げますと、朝食を摂《と》る、というのは健康のために大切であります。

以上のように、はぐらかしやすり替え、不誠実なごまかしが国会で繰り返されている、質問に答えず時間だけが空費されている。上西さんはこう指摘してメディアに次々と取り上げられていきます。しだいに広がった「ご飯論法」は、この年の流行語大賞にノミネートされるに至ります。その授賞式の場面が『バッシング』のエンディングになるという、これも当初は予想していなかった展開でした。

そもそも上西さんは、「ご飯論法」で注目される以前の同年2月、当時国会で審議中だった「働き方改革法案」をめぐり、安倍首相の答弁が「おかしい」とウェブ記事で指摘し、メディアの取材を頻繁に受けるようになったと言います。

のちに撤回せざるを得なくなった首相答弁（２０１８年1月29日）は、次の通りです。

「その岩盤規制に穴をあけるにはですね、やはり内閣総理大臣が先頭に立たなければ穴はあかないわけでありますから、その考え方を変えるつもりはありません。それとですね。厚生労働省の調査によればですね、裁量労働制で働く方の労働時間の長さは平均的な方で比べればですね、一般労働者よりも短いというデータもあるということはご紹介させていただきたいと思います」

もともとＪＩＬ＝日本労働研究機構（現在のＪＩＬＰＴ＝労働政策研究・研修機構）の研究員だった上西さんは、厚労省が所管する研究調査機関で働いた経験から労働分野のデータについて幅広い知見を持っていました。

労働時間は法律で「1日8時間」の上限が決められています。労働者が人間らしく生きるために勝ち得た権利で、一般労働者は、時間をその対価の基準としています。いっぽう裁量労働制は、実際の勤務時間ではなく、みなし労働時間で給与が支払われるので、時間に縛られないと考えることもできます。極端に言えば1日2時間の実労働で結果を出しさえすれば給与をもらえるのですが、実際はそう単純ではありません。裁量労働といっても過労死は発生します。勤務上の目標設定は、本人ではなく企業経営者や管理職が行うことが多いのです。

「裁量労働のほうが一般労働より労働時間が短い」という答弁に対して、「えっ？　そんなデータどこにあるの？」と上西さんはまず疑問に思ったと言います。2月14日から裁量労働制データ偽装についての野党合同ヒアリングが開催され、その席に上西さんも参加し、労働時間の平均の比較ができるような調査データではなかったことを突き止めました。

政府が示したデータが間違っていると指摘して以降、「左翼学者」「反日学者」とネット上で誹謗されるようになっていきますが、上西さんに対するバッシングの決定打になったのは、自民党の厚生労働部会長・衆議院議員の橋本岳《がく》氏の発信です。上西さんを名指ししてフェイスブック上に2800字を超える長文の感想を綴って非難したのです。

当時、上西さんは、一連のデータ偽装について「政権の意図に合うよう捏造されたものと考えられる」とウェブ記事で連載を開始したばかり。橋本氏の投稿は、3回目の記事を5月5日に、4回目の記事を7日未明にネット公開したその日の夕方の出来事でした。「それによって4回目以降を書く気力が失《う》せてしまい、連載が頓挫した」と話しました。

橋本氏のフェイスブック（2018年5月7日、18時25分）の文章の一部を掲載します。

このシリーズで上西教授が改めてとりあげている論点は、「その不適切な表の作成が、誰かの指示により意思をもって捏造されたものなのではないか」にあるのだと認識しています。ひらたく言ってしまえば、総理なり厚労相なりが指示して捏造したのではないか、と疑われているのでしょう。（中略）優秀な厚生労働省官僚が、指示命令もなくそんな不適切なことをするわけがない、という思い込みが上西教授には強すぎるように思われます。（中略）その上、いきなり国会で答弁せず、野党に示した理由は「認識の刷り込み」を狙ったのだなどという説明は、後付けで噴飯ものもいいところの理屈です。そんな高度な深謀遠慮にしては肝心の資料がズサン過ぎませんかね。少なくとも当時の大臣政務官として、そんなこと見たことも聞いたこともありません。単に、先に部門会議でひたすら要求されたから、です。

このシリーズは未完ですから、ここまで「意図した捏造」と指摘するからには、「捏造を指示した連絡」などがそのうちきっと証拠として示されるものと期待しています。これがあれば、決定的になりますから。

このあと「上西教授の、今回の裁量労働制関係データ問題を巡る一連の検証には、心から敬意を表します」とちぐはぐなメッセージが付記されて文章が続きます。上西さん本人は「噴飯もの、もう書くな」と恫喝《どうかつ》されていると感じたと言います。

その後、上西さんは異議申し立ての記者会見を厚生労働省の記者クラブで行いました。「不当な圧力に対して黙っていてはいけない」と決意したのは、「東京過労死を考える家族の会」の代表・中原のり子さんが「働き方改革法案」をめぐって必死に声をあげる行動を目にしていたからだそうです。

この会見を通して、上西さんが出会った重要な言葉がありました。「これは、国会議員による学問の自由への侵害なのだ」。会見に立ち会った弁護士がそう述べた時に「ああ、そうか」と初めて気づいたというのです。「自分がハラスメントを受けている立場にいると大局的な視点は見失いがちになる」と後に上西さんは語っています。

橋本岳議員は、岡山を地盤とする橋本龍太郎元総理の息子で3世議員。いわば自民党のサラブレッドです。

「働き方改革法案」の国会審議について意見を聞きたいと秘書を通じて取材を申し込みました。その際、秘書からは上西教授とのSNS上のやりとりについては質問を避けてほしいと依頼されたと記憶します。しかし、カメラの前で語り出した橋本議員はそんなことはまったく気にしていない様子でした。

裁量労働制のデータ問題とフェイスブックの件について率直に尋ねてみると、橋本議員は次のように釈明しました。

「あれは不適切でしたね。もしかしたら自分もその責任があるかもしれないと思っています。一端はあるでしょう。当時、政務にいたんだから。疑いを持たれたということに対して、感情的になってしまったということがあったわけです。ただ感情的になってモノを書くとですね、筆がすべるということになりまして、結果として思い込みで書いたものについては削除すると、お詫《わ》びをして削除するということをしたわけです。なので、感情的に筆を走らせてはいかんというのが、私のあれなわけです。落ち着いて書こうねって」

私たちのカメラの前で笑みを浮かべて話すのはなぜだろう。そのほころんだ表情から伝わる語り口に戸惑いを覚えます。とても軽いのです。国会議員の「ことば」の重みは、どこへ行ってしまったのかと心配になりました。

「学問」というのは、その字が語るように「問う」こと、つまり批判的思考と探究的思考を土台にして問題提起することから始まります。「常識を疑え」というのも学問のセオリーのひとつです。もし学問が政治や社会に対して「問い」を立てられなくなったら、社会は進歩せず、後退するでしょう。政治家が好きな言葉を借りるならば「国益を損なう」事態を招きます。

上西さんは、政治家と対決してやろう、なんて、これっぽっちも考えていませんでした。裁量労働制のデータの不備を専門家の立場から指摘し、その原因を問おうとしただけです。

逆に時の政権や特定の政党に与するような学者ばかりになり、学問が政治のしもべになったらどうなるでしょうか。当時の流れと心境を次のように正直に語ってくださる上西さんの姿には、その人柄がにじみ出ていました。

「すごく素朴に、こんなの調査結果とか言ってはだめでしょ、とアカデミックな指摘をしたわけです、最初ね。だけれど、アカデミックな指摘をしたことによって深い闇が見えてきちゃって。その深い闇に私が言及すればするほど、問題は根深いことが見えてきて、そうすると、要は働き方改革という策略全体に対して私が先頭に立って旗をとって違うぞって言っているような、調査が違うぞだけではなくて、これって加藤大臣とか安倍首相とかと正面切って対峙していることになるんだなあと思って……大丈夫かなと思いましたね」

いつのまにか安倍政権と真っ向勝負する存在と周囲からみなされてしまい、左翼活動家モドキとネット上で中傷されるようになります。上西さんの立場はあくまで研究者、労働学者であり、行ったのは「そのデータは事実ではない」というシンプルな指摘です。しかし、誰かが「レッテル貼り」することで、バッシングの大波が押し寄せてくるのです。

「国会パブリックビューイング」と「政治と報道」

「テレビが流さないなら街で流そう」。上西さんが居ても立ってても居られなくなり、自ら小さなメディアとしての役割を果たそうと試みた取り組みがあります。それは街中で小さなスクリーンを立てて国会答弁の様子を流すという「国会パブリックビューイング（国会PV）」。

2018年6月から始まったその取り組みをツイッターで知った私はとても共感し、上西さんに取材を申し込もうと決めたのでした。いっぽうで初対面では伝えませんでしたが、この新たな取り組み自体も安倍政権支持の人びとから標的にされるのではないか、と危惧しました。ただ、上西さんがネット空間や大学から飛び出し、自ら街に出てゆくというその発想は、メディア激動の時代にマッチしていると感じられたのです。

上西さんのメディアへの指摘は、テレビディレクターの私には耳の痛い内容ばかりです。テレビや新聞がきちんと政府答弁の問題点を報じていない。論点ずらしや答弁拒否などあからさまに不誠実な答弁を政権側は繰り返しているのに、まともに見える答弁をした一瞬の場面だけを取り上げて報じることが多い。これは説明責任を果たしていない点を見えにくくし、問題の本質を覆い隠して矮小《わいしょう》化している、と突いていたのです。

ならば、自分たちの力で国会のひどい答弁を街ゆく人に見せてしまおう。そこで屋外にプロジェクターを運んでスクリーンを組み立て、国会答弁を映し出し、そこに上西さんの動画解説を時々は入れつつも、他は一切街頭演説をつけずに淡々と流し続けます。立ち止まった人が国会の質疑応答をじっと見つめるという、極めてシンプルで、とっつきやすい市民運動です。ツイッターで呼びかけると一緒にやりたいという人たちが次々に現れました。機材の購入代をカンパしてくれる人も。

私たちは、上西さんたちが初めて国会PVを大阪駅前で試してみた日と、長野県松本市の駅前で行った日を取材しました。そこに集まってくるスタッフが初対面同士であることにまず驚かされ、まだ手探りで活動を広げているその貴重な様子を撮影することができました。国会PVは、いまも活動の場を広げていて、全国各地に賛同者が増えているそうです。

「ご飯論法」を特徴とする国会のやりとりを街頭に持ち出して、みんなでチェックする。ネットではなく、リアルに繰り出せば、嫌がらせは一切ありませんでした。空中を飛び交う激しい言葉の応酬や攻撃ではなく、人と人とが街で出会って国会審議を話題にしてゆく。じんわり効いてゆく「漢方薬」のように投与していきたい、そう穏やかに話す上西さんの笑顔はたいへん印象的でした。

上西さんは、私たちが取材中「今度、本を出すのよ」と話し、そのゲラを見せてくれました。『呪いの言葉の解きかた』（晶文社、２０１９年）です。その執筆のきっかけは、やはり政治にまつわる言葉。「野党は反対ばかり」「野党が反発」というふうに野党の役割を意図的に貶める言説の数々が「呪いの言葉」に映り、どう対抗すべきかを考える中で生まれたそうです。

さらに言葉をめぐる三冊目の著書『政治と報道―報道不信の根源』（扶桑社新書、2021年）では、既存メディアの報じ方への違和感を丁寧に論じています。

その「あとがき」で上西さんは労働学者らしい視点で、次のように分析してみせます。「アルバイト先で異議申し立てをおこなう学生を店長が『文句』を言う者と見るように、記者も政府与党の目線で野党を見ているのではないか。だから、政府与党は野党の追及をいかにかわすか、という目で国会を見てしまうのではないか」と。

政治部記者が（すべてではありませんが）権力と一体化し、政治部ムラの掟《おきて》にとらわれて権力監視の役割を果たしきれていない状況を、上西さんは国会PVの取り組みと大手メディアの報道を見比べ続ける中で痛切に感じたのでしょう。

この間、真っ当な言葉や批判を取り戻そうと上西さんが発信を続けているのは、政治とメディアの言葉の劣化が進行する現実にじっとしていられないからだと思います。そして私は、胸中ヒリヒリしながら、その著書を読んでいます。

在日コリアンに対するヘイトの正体を追う

「アカデミア（学問）を貶めることに、彼らは非常に熱心です。相手の気をくじくことをしたいんです」

バッシングする人たちについてのインタビューの中でこう明快に分析してみせたのは、若手の社会学者、倉橋耕平さんです。現在は、創価大学准教授の倉橋さんと最初に出会ったのは2018年の夏、MBS本社の会議室でした。私が取材を依頼すると「『教育と愛国』を見ましたよ、大学の授業で使わせてもらってます。自宅が近くなので御社へ行きます」と気さくに応じてくれました。『歴史修正主義とサブカルチャー——90年代保守言説のメディア文化』（青弓社、2018年）など歴史修正主義に関するテーマの著作が多い研究者です。

倉橋さんの師は、フェミニストの哲学者・大越《おおごし》愛子さん（元近畿大学教授。2021年死去）。90年代、「慰安婦」問題で先鋒となって歴史修正主義と闘っていたひとりです。サンダル履きのラフなスタイルで軽快に話題を繰り出す倉橋さんとは話が弾んで、2時間余りがあっという間でした。リベラルのど真ん中で研究に邁進《まいしん》する、筋金入りの社会学者だなと直感します。アカデミズム攻撃について講義している場面を撮影したいとリクエストすると、すぐに岡山大学で秋にある講演がぴったりと教えてくれて撮影日が決まりました。

倉橋さんに出会えた収穫は、これにとどまりません。会話の中で「『余命三年時事日記』のヘイトブログを取材したら面白いんじゃないですか?」と彼が助言をくれたのです。

当時、全国21の弁護士会に対し、所属弁護士を対象としてなぜか懲戒請求の申し立て書面が続々と郵送されてくるという異常事態が起こっていました。

通常の年であれば、年間で全国合わせても2000から3000件ほどにとどまる請求件数。それが急増し、2017年度は約13万件にも達し、各弁護士会が対応に追われていることが大きな社会問題になっていました。

新聞紙面では「ネット上で請求を煽るような書き込みがあった」と報じられていましたが、問題とされるサイトを私自身が確認するには至っていませんでした。そもそも弁護士に対する懲戒請求という行為は、訴訟代理人が横領したり、信用を裏切ったりと違法が疑われるケースでされることがほとんどです。裁判を起こすのと同様の厚い壁がある司法手続きなのに、ネットで呼びかけて請求する? 裁判所担当を経験していただけに、奇妙で謎めいた現象に感じられます。

その請求申し立てを呼びかけたのが、「余命三年時事日記」というブログだとされていたのです。ブログ主宰者は日本人の優越性を唱える愛国者なのだと。

さっそく、いつものようにリサーチを開始。もうおわかりのように、『映像』シリーズにリサーチを担当するスタッフはひとりもいません。ディレクターがすべて、リサーチから資料のコピー、取材依頼から写真使用の著作権申請手続き、さらには出張取材の宿泊やレンタカーの手配までなんでもかんでもやってゆきます。他局の人から「リサーチャーが何人いるんですか？」と聞かれた時は苦笑しました。「はい、ざっと10人はいます」と見栄を張って言ってやりたいと思ったほどです。

しかし、「余命三年時事日記」を取材すると決めて以降、「リサーチャーがひとりでもいてくれたら」と幾度となく弱音を吐きそうになりました。２０１２年から始まるそのブログには、ミラーサイトやカウンターアカウントなど関連するネット上の情報があまりに大量にありすぎて、しかもブログ本文は駄文よりひどいレベルの、わけのわからない解読不能言語が雪崩を打ってくるような読み物なのです。内容はヘイトスピーチだったり、妄想や陰謀論だったり。目を通すだけで徐々に頭がガンガンしてきて、私は消耗してゆきます。

これらに夢中になる人たちって、どんな人なのだろう。まったく想像できませんでした。さらに書籍化もされているので、その書籍にも目を通さなければなりません。紀伊國屋書店梅田本店に行き、そのシリーズ本４冊を購入します。一冊の帯には、「発売前 Amazon 総合1位」と冠がイラストされていました。ネットの予約販売で話題になったようです。

残念なことにいま、大手書店はどこへ行っても「ヘイト本」と呼ばれるものが溢れています。

余命ブログを書籍にしていたのは再びの登場となる出版社、青林堂。公式ツイッターで杉田氏をフォローし、先述した科研費バッシングにも積極的に参加し、多数の政治家の本を出しています。

同じころ、その杉田議員が雑誌などに掲載した2014年以降の寄稿文を取り寄せ、インタビュー取材に備えて読んでいました。「反日」「売国」「左翼」といった言葉を乱発し、敵対勢力とみなす人びとを叩き続けるのが、その政治手法だとわかります。それらの言葉は、標的にするための目印でしかありません。もっと言えば、トランプ前大統領が利用したのと同じ陰謀論です。

杉田氏が出版した著書『なぜ私は左翼と戦うのか』（青林堂、2017年）の帯には「闘う女性、水脈をサヨクから守ろう！」というメッセージを送る百田尚樹氏の顔写真が大きく掲載されています。第一章は「地方自治体は共産党に支配されている！」。見出しからしてもう、でたらめな言説の垂れ流しです。けれど、自らを正義に燃える保守政治家と見せかけるには都合がよいのでしょう。論理ではなく、虚飾に満ちたスローガンです。

「反日日本人の売国行為の闇は深い」「左翼団体が日本には存在しない女性差別を捏造」（『正論』2016年5月号）、「慰安婦問題とはつまり、国内の反日勢力によって捏造された問題とも言える」（『新潮45』2018年4月号）

彼女は自身を取り巻く人たちを喜ばせようと、虚飾を振りまいているのではないでしょうか。２０２０年９月にも杉田議員は自民党本部であった会議の席で、女性への性犯罪に絡んで「女性はいくらでもウソをつける」と発言しました。その後いったん新聞記者の取材に対し「そういう発言はしていない」と否定しましたが、党内からも批判の声があがり、自身のブログで発言を認めました。

余命と杉田氏、両者の著作を読み込む日々。それは意味不明の暴力を浴びるかのような精神的にもきつい作業でした。標的にされた当事者ではない私ですらダメージを受けるのです。差別や攻撃の対象として狙われた当事者たちがこれら言葉の塊を目にしたら体調を崩すのではないかと痛切に感じます。そしてこの時、初めてそばに誰かスタッフがいてほしいと心から願ったのでした。

佐々木亮弁護士に会いに行く

弁護士たちに向けられてゆく憎悪にも似た感情。それは、余命ブログの中で、ひとつの物語として描かれていました。戦後の歴史にはずっと隠蔽されてきた実態があり、それがいま次々と明らかになっている、そして実のところ、日本弁護士連合会＝日弁連は「在日韓国・朝鮮人の弁護士らによって支配されている」というのです。

外国籍の人でも日本の司法試験に合格すれば弁護士になれます。日弁連で活躍する外国籍弁護士がいますが、いずれも正当な業績があり、周囲から評価されてのこと。属性だけで彼らを敵視し、少数派であるにもかかわらず、全体の多数派を「支配している」というのは、荒唐無稽な作り話です。排外主義の陰謀論と言えます。差別に根ざした事実無根のデマ以外の何物でもありません。

ところが北朝鮮が弾道ミサイルを発射するなどの軍事行動を受けて文科省が2016年、朝鮮学校がある28都道府県に向けて「朝鮮学校に係る補助金交付に関する留意点について(通知)」を出し、「公益性、教育振興上の効果等」の検討などを要請したことから、各自治体では補助金停止が広がります。

この動きに対し、子どもの学習権を保護する観点から、日弁連が「補助金停止に反対する会長声明」を発表。この声明をきっかけに「在日韓国・朝鮮人が支配する」日弁連という歪んだ言説が勢いをつけて拡散されていったようです。

ブログ上には、日弁連会長をはじめ、役員を務める弁護士たちの名前が「懲戒請求先」としてずらりと挙げられました。2001年に設立された在日コリアン弁護士協会＝LAZAKに所属するコリアン弁護士たちも名指しされました。この団体は、「在日コリアンにおける『法の支配』の実現は、他の民族的少数者ひいてはすべてのマイノリティの『法の支配』の実現をも目的とするものでなければならない」と設立趣意書に明記しているのですが、圧政を排して権力を法律で縛っておく「法の支配」という専門用語をブログ主は理解できなかったらしく、「日本を支配しようとする」団体だと決めつけ、糾弾していました。

こうして次々と懲戒請求対象者リストがブログ上に作られていくのです。ところが、そこには日弁連の声明やルーツと何の関係もない弁護士たちも多く含まれました。氏名が3文字というだけでコリアンだとされたり、法律事務所のネーミングだけで判断されたのか、その事務所にいる弁護士全員に懲戒請求が届いたり、もう何が何だか訳がわからない、と叫びたくなるほど根拠薄弱で、全国各地の弁護士会を混乱させていました。

私たちは、その中でもとくに大量に書面が送りつけられていた東京弁護士会の佐々木亮弁護士のもとを訪ねます。JR有楽町駅の近くにその法律事務所はありました。

2017年6月から、懲戒処分を求める見知らぬ人びとからの書面が次々と送られてきて、佐々木弁護士は困り果てていました。実際にファイルを見せてくださいとお願いすると、分厚い5冊のファイルをどさっと運んできてくれて、その懲戒請求の量の多さに圧倒されます。のべ3000件、繰り返し申し立てている人が相当数いますが、1000人はいるだろうということでした。呆れた表情で佐々木弁護士は語ります。

「まずどさっと来て、開けたら懲戒請求書だと書いてあったので、誰をしているのかなと?

『バッシング』懲戒請求のファイルを持ってくる佐々木亮弁護士（2018年）

自分だとは思わないですから。見てみたら自分の名前が書いてあるので、なんで自分が懲戒請求、こんなにたくさん来るんだろうかと」

懲戒請求は、弁護士に職業倫理や品位を失うような行為があった時に申し立てるものですが、裁判に近い手続きを踏むため、申し立てを受けた弁護士は書面などを作成しなくてはならなくなります。弁護士会は、弁護士を処分するかどうか調査、検討する必要に迫られます。弁護士の自治を守るため、重大な場合は、弁護士資格が剝奪される仕組みになっています。

懲戒すべきとする理由には、「朝鮮学校への補助金を支給するべきとする日弁連の声明に賛同し、その活動を進めることは、確信的犯罪行為にあたる」とありました。どの申し立てもすべて同じ文面です。「知らない人たち、１０００人ぐらいから悪意を向けられていて、場合によっては死刑にしてやれと思う人がかなりいる。イナゴみたいにわーっと」

なぜ大量懲戒請求が広がったのか、佐々木亮弁護士への取材を契機に「何が起きているのか」を探ってゆくことにしました。それには、ふたつの側面からアプローチする取材が不可欠です。ブログ主宰者はいったい何者なのか、どのような意図で呼びかけて懲戒請求に至ったのか。主宰者本人に接触する取材は必須だと考えました。

加えて、見ず知らずの弁護士に対して申し立てをした人びと、ブログに呼応した人のインタビューも必ず取らなければなりません。物事を立体的に描くには、おのおの立場の異なる当事者たちにも言い分を丁寧に聞いてゆく、それが取材の鉄則です。しかし、容易には進まないだろう、難しい取材になるだろうと予感しました。

ヘイトブログ主宰者と懲戒請求した人びと

まずは、少しでもリスクを減らすためのグッズを用意することから始めます。前年放送の『沖縄 さまよう木霊』の経験を踏まえ、取材した相手が制作者の名前などをネット上に晒す可能性が考えられました。実際に余命三年時事日記のブログをチェックしていると、NHKのディレクターの実名や電話番号が次々公表されていました。接触したとたん、同じように名指しされる。心の準備をする他ありません。

まず、通常の名刺から携帯電話番号とメールアドレスを省いたシンプルなものを100枚作りました。さらに期間を限って使う携帯電話を用意してほしいと業務の担当者に頼んでみました。しかし携帯については「取材後に使えなくなったら困ります。いまは予備がありません」と断られました。いざとなれば、自分の携帯電話を使って接触するしかありません。

「ふう〜携帯も晒されるんか……」、そう一瞬、暗い気持ちになりつつも、いや、会うことができれば、直接名刺を渡して話し込めばいいだけのこと、膝を突き合わせてじっくり耳を傾けよう、とあえて楽観的に展望したのです。

余命ブログの主宰者が住んでいると見られる東京都内の集合住宅へ。南《みなみの》埜耕司カメラマン、古川航《わたる》大助手と初めて足を踏み入れたのは、秋の気配も深まる、10月下旬のことです。

ブログを主宰する男性に関する情報は、まずネット上でかき集めました。すると、2016年12月に小さな会社を設立していることがわかりました。社名は「生きがいクラブ」です。どのような業務内容を掲げる会社なのでしょうか。

法人登記簿を入手し確認してみると、第一に「定年後における生きがいに関するアドバイス及びアンケート調査」と記されていて、どうも老後の生きがいを求める活動のようです。さらに「書籍、印刷物の企画制作及び出版並びに販売」も目的に書かれています。

登記簿に記されていた郊外の住所地は、深い緑に囲まれた築50年ほどの大規模住宅でした。いくつもの棟から番地を探して歩いていくと、1階に高齢者用デイケアセンターが入居する棟にたどり着きます。高齢世帯が多く住んでいる様子で、郵便受けを眺めると空き室がいくつも目につきます。

私たちはエレベーターに分かれて乗り込み、目指すフロアへ。カメラマンは小さなデジカメを用意し、灰色の古びた廊下が突き当たる片隅にスタンバイ。いっぽうの私は、目的の部屋の前に立ち、目に飛び込んでくる鮮やかなコバルトブルーのドアの向こうを想像しながら、その横にあるインターフォンを思い切って何度か鳴らしました。会ってじっくり話を聞いてみたい、こういう場面はたいていい取材意欲と好奇心が先に立ちます。

最初に訪問した昼下がりは留守でした。その後、夜にも訪ねました。室内は空っぽのようです。水道か何か公共料金の請求書がドアに挟まったままです。同じころ、ヘイトスピーチ問題を掘り下げるひとりの新聞記者は、連日のように訪ねてはブルーのドアにあるポストに名刺を入れていたそうです。NHKのディレクターたちも同様に取材していたことが後にわかります。

ブログ主宰者は、別の場所に身を隠していたのでした。大阪を拠点とする私たちは、ブログ主を訪問する東京出張ができる回数も限られています。いくら待ってもその部屋の窓には明かりが灯《とも》りません。その様子を遠目で確認し、近くのコンビニエンスストアや公園で時間を潰し、訪問を繰り返しますが、すべて空振りです。いったん断念して帰社することになりました。

　次は大阪府内で懲戒請求を申し立てた人びとの自宅を数日かけて回ることにします。相手がどんな人物かは一切わかりません。入手した住所地をもとに一軒一軒訪ねて「弁護士さんに懲戒請求したことはありますか？」と聞き続ける取材です。

　コンビを組んでいた南埜カメラマンは、『バッシング』の取材場面で何度か「リスクを感じて怖かった」と放送後に話してくれました。そのひとつが、私が手当たりしだいに懲戒請求者の家を訪ねるこの取材でした。カメラマンは、遠くでその様子を見守ります。

　確かに住所地のメモを手掛かりに家を探し出すのですが、古い文化住宅の2階であったり、奥まった細い路地に立つ長屋だったり、一人暮らしの住人が多いようです。「危ない人物」がドアを開けると怒鳴りつけてくるのではないか。取材者である私たちの、いまから思えば偏見とも言えるようなイメージが膨らみました。

　しかし、現実はよりリアルです。可愛らしい子ども用自転車が玄関先に置かれている立派な一軒家。ここなら大丈夫だろうとインターフォン越しに話しかけた時、もっとも背筋がひんやりする思いをしたのです。インターフォン越しに対応した女性は、「なぜ家を訪ねてきたの？」「なぜ？」と奇妙な笑いを交えて問いただしてきた直後に突然激しく怒鳴りだし、朝日新聞やメディアの悪口をまくし立てたのです。仕方なくこちらは「失礼しました」と急いで立ち去ったのですが、その時、2階のカーテンの隙間からにらみつけるように周囲をうかがう女性の姿が見えたとカメラマンが話すのです。なんとも後味の悪い取材になりました。

懲戒請求をした人たちに話を聞いてゆくと、ふたつのパターンがあることが見えてきます。退職した会社の元同僚に頼まれ協力したという一人暮らしの女性は、こう述べます。

「なんか弁護士さんが、弁護士会の人、不正かなんか、知らんけど、そういうことしているみたい」

——不正があるという中身は？

「知らない。聞いてなかった」

誘われるがまま、署名と同じ感覚で名前と住所を書いたそうです。深く考えず、軽い気持ちで懲戒請求してしまった、という人が少なくありませんでした。

もうひとつのパターンは、強固にブログを信じ込んだ人たちです。印象に残った80代の男性は、余命ブログに5万円の寄付をし、書類の詰め込み作業も交通費を自己負担して大阪から関東まで出向いて手伝ったと話しました。

1回目の訪問時、「あんたの会社も在日に乗っ取られている。あんたが知らんだけや！」と断言するのでたいへん驚き、再度、事情を聞きに訪問しました。この男性が歴史をどのように捉えているかに関心があったのです。2回目のやりとりの一部をここに記します。

「ごめんください」。インターフォンが見つからないため、私が声を張り上げて木造の玄関扉をどんどん叩くと、しばらくして奥から背が高く細身の高齢男性が姿を見せます。背後に見える部屋は電灯がほんのり光り、静まり返っているようです。

――こんばんは、この前、お邪魔した斉加なんですけど、この前にお話を聞いた……。

「あ、斉加さん？」

――その後、ちょっと勉強したんですけど、おっしゃっていたブログとかを見て、これって見ていらしたのと同じ本ですか（『余命三年時事日記　外患誘致罪』〈青林堂、2016年〉を見せる）。

「そうそう、それは読んでないけれど、同じのはブログで読んでる」

――いまも運動は続いているんですか。

「と思いますけど、ちょっと読んでないんですけど10日ほどは。だけど、集団訴訟にはなっているんじゃないの、いま」

――私も、けっこうびっくりすること書いてあって。

「そうでしょう」

――私もメディアの人間なので。たとえば『多くのメディアは、半ば在日に乗っ取られた状態にあるので、在日や民主党にとって都合の悪い情報などは、日本国民の目には触れないように遮断されていたのだ』って書いてあって、けっこう衝撃を受けたんですけど。

「それ、その前に、『余命三年時事日記』というのが、1、2、3と出てますよね。それをお読みになったらわかるわ。アマゾンでもどこでもすぐ手に入るから」


雑談を少ししていると、男性が名刺を差し出してくれました。


「僕はもう仕事はしてませんから、いまはもう神様ごとばっかし」

――これは、神様のお仕事なんですか。

「そうそう」

――この本に書いてある、弁護士会が在日韓国・朝鮮人に乗っ取られているというのは事実だと思われますか。

「もちろん、そう。その証拠も全部あるから、そんなのは。だって毎日さんもね、そのお先棒を担いでいるわけだから」

——あの……、弊社で言うと、在日の方、社員の中ではごく少数なんですけど。

「いや、あのね。学会さんがかんでいるでしょう。だから学会さんで広告だとか新聞を刷っているじゃない、あなた方」

——学会というのは、創価学会ですか？

「そう、その系統は在日多いんですよ。だから憲法改正を言うと、もうああなるでしょう。学会さんはね」

——学会は（憲法改正に）反対してらっしゃいますよね。

「そういうのは、やはり影響が非常に強いんですよ。韓国人は、向こうでも影響力あるしね。だから憲法も乗っ取られている可能性が高いんです」

——メディアは、私がいるからですが、在日の人が多数とは思えなくて。私も名前から「在日やろ」と言われたことありますけど……。

「いや、そんな下の人は別として、上のほうの問題で、広告とかで支えられてるわけだから」

男性に「在日コリアン弁護士と一度、会ってみませんか」と水を向けてみました。大阪弁護士会の金英哲《キムヨンチョル》弁護士が「懲戒請求を申し立てた人と直接、話がしてみたい」と取材時に述べていたのを思い出したのです。

金弁護士が子どもを通わす朝鮮初級学校では当時、校舎の補修工事の予算がなくてガラス窓の一部が割れたまま。ソンセンニム（先生）たちは薄給で頑張り、家計がのしかかる年齢になると働き続けるのが困難だと話す人もいます。自分たちを敵視する人たちと対話の道を探りたい、金弁護士はそう話していましたが……。

「対話はできないですよ。知らないフリをして、裏では活動しているから。朝鮮戦争が終結したら、この人ら日本にいる理由がなくなるんです。アメリカから押し付けられたわけだから。戦前からいる一握りの人は別よ。他はもう終戦になるまで預かりますと。アメリカに押し付けられた。南北調印したら、この人ら日本にいる理由がなくなる。帰ってもらうのが日本の立場なんですよ、法的な。だって戦争避難民として預かっているわけだから。だから必死なんですよ、彼らは。あなたたちメディアがいくらこういう連中とキャンペーンを張られても、日本の国民の動きはもう変わらないです。もうネットというのはすごいからね。若い子とか知ってるわけですよ。新聞を見なくてもね」

――インターネットの中はデマとかウソ情報も多いですが。

「選択できますやん、いろんな意見が。これは程度が悪いとか、これは面白いとか。いやあもう、ネットのおかげですよ、さまさまですよ」

いま、日本国籍の在日コリアンが少なくありません。ミックスルーツの子どもも大勢います。朝鮮籍や韓国籍であったとしても、日本に納税する永住外国人です。「帰ってもらうのが日本の法的立場」という主張は、男性の誤信にすぎません。しかし、もっともらしく聞こえるネット言説が広がり、在日の人たちに対し「祖国へ帰れ」と心ない言葉をぶつける人が後を絶たないのです。

花田紀凱《かずよし》編集長「毎日じゃダメなんだ」

自民党支持層をターゲットにする保守系論壇誌は、産経新聞社が発行する『正論』をはじめ、いくつかありますが、飛鳥《あすか》新社（東京都千代田区）が2016年4月に創刊した『月刊Hanada』は、凄腕《すごうで》と称される花田紀凱編集長が率いています。『週刊文春』の編集長として名をはせた時代から、いまも「売れる」雑誌を作ることにかけては「伝説の編集長」だそうです。その雑誌は与党政治家や愛国主義的な政治ジャーナリストらを執筆陣に迎え、センセーショナルな見出しが躍っています。

暴言で物議をかもす杉田議員については「杉田議員をメディアがリンチしている」と花田氏

自身、全面擁護する立場です。当初の取材プランにはなかったパートですが、放送日まで1か月となっていた11月、その花田編集長に取材を申し込みました。

取材へ気持ちが動いたのは、あるトークイベントがきっかけでした。「緊急開催！『新潮45』休刊から考える ノンフィクションと現代ジャーナリズム」と題したイベントが11月1日、大阪市内で催され、ノンフィクションライターの松本創《はじむ》さんと西岡研介さん、そしてスマートニュース メディア研究所の瀬尾傑《まさる》さんの3人がトークを繰り広げる中、『月刊 Hanada』12月号が話題になりました。『新潮45』の休刊をめぐる問題を大々的に取り上げ、花田編集長の「商才」は健在だと評する意見を耳にします。

『新潮45』については、科研費をめぐる牟田和恵教授へのバッシングに絡んで、すでに述べた通りです。性的少数者の人たちに対し「生産性がない」と差別的言説を含んだ杉田議員の論考を掲載し、その後も杉田議員の主張を擁護する論陣を張ったため、著名な作家などから批判が相次ぐ事態を招き、新潮社は『新潮45』の休刊を決めたのです。事実上の廃刊でした。

なぜ『新潮45』の休刊について大展開することにしたのか、編集方針とその反響をインタビューしたいと『月刊 Hanada』編集部宛にＦＡＸすると、すぐに花田氏本人から電話が返ってきました。「取材を受けます。いつがいい？」。さすが、伝説の編集長、快諾でした。

飛鳥新社を訪ねた日、着ていたのはベージュのセーターです。初めて会った花田編集長は、確かにざっくばらんで豪快さを感じさせる人物。私は、素朴な疑問からぶつけました。なぜ、安倍政権支持の論調ばかりなのか。

「『月刊 Hanada』はね、安倍ベッタリだと、安倍さんのいいことしか書かないと言うんですけれど、悪いことは新聞、朝日をはじめとする新聞が山と書いているわけ。そうすると、たとえば『月刊 Hanada』のような雑誌がなければ、安倍さんのいい点というのは知る術《すべ》がないわけじゃない」

しかし、政権のいい点を褒めちぎるだけでなく、政権に厳しい論陣を張るメディアには、「反日」という表現を使って激しく批判します。とりわけ、朝日新聞への批判をふんだんに書いて「反日」の代表格として扱う姿勢が目立っています。そのこだわりについても聞きました。

「朝日とつけたほうが、同じ新聞批判でも読者に対するアピール度は強いでしょうね。ぼくも何十年と批判してきてですね、あまり変わらないから、最近でこそ部数が落ちてきたからね、あれですけど、うんざりするところもあるんですけれど、まだまだ朝日に対する信頼感とか読者のね、高いからね。朝日を新聞代表として、批判していくことは必要だと思いますね」

『新潮45』の休刊を取り上げた12月号も激しく「朝日新聞批判」を展開していました。新潮社の姿勢に矛先を向けるべきテーマなのに、見出しにもなぜか朝日の文字。「朝日と連動して言論の自由を潰した新潮社」とあり、両社が結託したと言わんばかりです。民主主義を維持する根幹である言論の自由を、雑誌を潰すことで破壊したと痛烈に非難し、小見出しは「朝日記者の〝指示〟か」となっていました。

記事内の対談における花田編集長の主張は、「杉田論文を最初に問題視した」のは朝日新聞で、その朝日が新潮社の編集者たちと連動して、『新潮45』の廃刊の流れを作った、というものでした。

この『月刊Hanada』の記事を読んだ時、私は、あれ?と違和感を覚えます。杉田論文の問題点を最初に報道したのは、毎日新聞と記憶していたからです。毎日新聞と朝日新聞の広報にそれぞれ電話をかけて取材、ネット記事の配信日と紙面の掲載日を確認しました。

『バッシング』のナレーションでは、次のように説明しました。

「当時の新聞記事を調べてみた。朝日が『新潮45』の『杉田論文』の問題をはじめて記事でネット配信したのは7月23日、紙面掲載はその翌日だった。ところが毎日新聞は、それより2日早くこの問題を記事にしていた。最初に問題視したのは、朝日新聞ではなく毎日新聞だった。このことを花田編集長に聞いてみた」

その花田編集長は、次のようにあっさり認めます。

「そうなんだよね。でも毎日新聞は弱いですよね。部数も圧倒的に少ないし。そうですね。それはおっしゃる通りです」

――最初に問題視したのは、朝日ではなくて毎日では？

「毎日だと。まあ、そうかもな。毎日じゃ売れないと。やっぱり毎日新聞じゃダメなんだよ。朝日新聞じゃなきゃ」

花田編集長の語りは終始軽やかで、これらは保守論壇界における「商才」なのでしょう。事実と違うことに関し、反省はないように見えます。「毎日じゃダメなんだ。朝日じゃなきゃ」。花田氏のこの率直すぎるフレーズは、私が大学のメディア論の講義で『バッシング』を上映すると、学生の何人かが「売るために事実を歪めていいのか」「衝撃を受けた」と感想を寄せてきます。「事実」より「ウケ」を優先する編集長の価値観に驚愕するようです。

編集開始日が迫るも空振り続き

『映像』シリーズの放送は、毎月の最終日曜日の深夜0時50分からとなっています。編成上の都合でさらに遅いスタート時間になる月もあります。なぜ、こんなにも深夜なのか、もっと見やすい時間帯に放送してほしい、視聴者からの要望は繰り返し寄せられます。けれどドキュメンタリーは「視聴率が取れない」という理由でどんどん深夜に追いやられているのが現状です。それでも毎月、「1時間の枠」があることは民放では稀有なことで、MBS報道局に伝統的に受け継がれた柱のひとつと言えます。

話を『バッシング』に戻すと、12月は年末特番などが入って放送しない年もあり、また放送日が早まるケースもあります。私は当初、1月末の放送枠を想定し、取材を組んでいました。大阪大学の牟田教授の提訴が12月から1月にずれ込む見通しになったこともあり、その他の困難な取材も年内にかけてなんとかなる、そう自身を鼓舞していました。

ところが組織というのは個人の意向を汲《く》んでくれるとは限りません。「放送日は12月16日に決まったから」。番組プロデューサー奥田雅治からさらっと告げられた時は、顔がひきつって青ざめました。1週早まるならまだしも、2週も早い放送日なんて。相談もなく決まったことは、苦い記憶のひとつです。編成からの連絡事項がディレクターに共有されていなかったことも一因でした。

想定よりぐんと早まった放送日。番組を完成させられるだろうか。当時は、楽観的な性分の私には珍しく、胃がキリキリ痛んで食欲もなくなる日が続きます。

とりわけ余命ブログ主宰者の取材は必須と考え、何度も集合住宅に出向きました。道路を挟んだ向かいのコンビニエンスストアで雑誌を手に時間を潰したり、少し離れた公園の日陰で過ごした後、再び集合住宅の部屋を確認しに行く、といった行動を繰り返しました。目立たないよう会話もせず、私とカメラマン、助手の３人がそれぞれ離れた位置で注意を払って時間が経過するのを待ちますが、しだいに周囲の視線が気になります。こういう取材は、ひたすら辛抱するしかありません。忍耐力が求められます。

不意に、この住宅群は別の取材で以前来たことがあると思い出します。『教育と愛国』で取材した、右派から標的にされて倒産した日本書籍の元編集者の池田剛《つよし》さんの自宅が、まったく同じ集合住宅群内だったのです。同じ棟ではありませんが、歩いて3分ほどの近さです。この偶然には驚かされました。なんとなく近いような気がする、と確認してみたら、そばだったのです。

そうこうするうち、これが最後の東京取材という日を迎えます。再びその集合住宅のブログ主宰者の部屋の前に立った時は祈るような気持ちでした。しかし、インターフォンを何度押しても静まり返り、やはり誰もいないようです。ひたすら待っていても、ただ時間が虚《むな》しく流れてゆくだけ。夜になっても成果を得られず、もう時間切れと諦めた時は、無言でうなだれました。

仕方なく大阪に戻りました。翌日から電話取材に切り替えるしかありません。残りの時間はわずかです。編集作業の開始日が5日後に迫ります。本来ならばとっくに取材をすべて終え、映像のプレビューに専念すべき時なのに何やってるんだ！　自分で自分を責め立てて、胃だけでなく肩や首など体のあちこちにひどい痛みを感じ、頭痛も絶えない状態になっていました。テーブルにテレフォンピックアップの機材をセットして深呼吸をしていざ、電話取材を試みます。

ブログ主宰者と思われる人物の携帯電話番号は、ネット検索で見つけました。余命ブログの書籍を販売する通販サイトの開設者情報を暴露するページがあったのです。仲間割れしたメンバーが晒しているようです。しかし、その携帯番号が本当にブログ主宰者本人のものかどうかはわかりません。つながらないことには確認すらできません。通話音だけが虚しく響きます。この日は、ずっと空振りです。パープルのセーターを着ていました。

ブログ主に直撃

翌日、ベージュのセーターで電話をかけるも空振り。ああ、もうダメか、もう電話も取らなくなっているのだろうか。しばらく時間をおいて、半ば期待せず、もう一度、諦めかけながらコールしていたその時、主宰者の男性とつながったのです。ベージュの奇跡、ご利益に思えた瞬間でした。南埜カメラマンとお互いに心の中で「よっしゃ」と叫びます。取材は高揚感に包まれていきました。

――もしもし、こちらのお電話は生きがいクラブの◯◯さんでしょうか?

「そうですよ」

彼はすぐに自分が「余命三年時事日記」のブログ主宰者であることを認めました。

「6年ぐらい前かな、一人いろいろやりたいということで、それで立ち上げたものでね。別に、いま朝鮮人がどうのこうのって言っているけど、ふつうのブログでね。何ということのないブログだったのに」

主宰者の男性との実際のやりとりは、1時間半以上に及びました。彼が語ることを頭ごなし

バッシング
その発信源の背後に何が
初期のあれなんか 単なるコピペですからね

『バッシング』余命ブログの主宰者に電話取材（2018年）

には否定せず、やんわり反論しつつも、じっくり聞くことを心がけました。表情が見えない分、相づちを多く打つようにし、短く質問をしていきました。

ブログの冒頭では、がんで余命を宣告された男性が、死の間際に書いたと説明しています。「かなりの部分は小生と父母の実経験による」「ここに、ねつ造や虚偽はない」と明言していて、その人物の死後、近くにいた別の男性が受け継ぎ、執筆を続けているとのこと。

そこで、ブログは本当にあなたが書いたのか？と尋ねてみました。

「書いているものは初期のあれなんか、単なるコピペですからね。コピペですよ。他のいろんな情報なんかの。本人のそういう体験は、ほとんど入ってないんですね」

――作り話ですか。

「いや作り話じゃないですよ。事実をコピペしてるだけ。何の変哲もない、ふつうのコピペブログですよ。いやあ、その人間の体験なんていくらもないですよ。ほとんどないと言っていいと思いますね」

コピペ、つまり他人の文章の貼り付けだと、男性は言い訳します。けれど、このブログは青林堂という出版元で数冊のシリーズ本になっているのです。

「作りたいという青林堂に、じゃあどうぞと言っただけの話で。あとはもう向こうが勝手にやってるだけで、私は一切関わってませんよ。前書きは書いたけどそれだけですよ。だから青林堂もお金儲《かねもう》けでやってただけでしょう」

ここでも嘘をばらまくことで「金儲け」がなされていることがわかります。ここからは、明らかに差別扇動にあたる言説を含みますが、男性とのやりとりを忠実に再現してみます。

――この『余命三年時事日記』のシリーズは、お書きになられたんですよね。

「うん、そうだよ、あの5冊まではね。書いたと言ったたって、本を書いたわけじゃない。要するにもう全部ブログで書いたものをまとめただけですよ」

――コピペですね？

「そうです。だから、青林堂でまとめただけで」

――まとめたのは、お宅様ですよね。

「いや、青林堂だよ。ほとんどやってないよ。前書きと後書きだけ書いてくださいと。それだけですよ」

――人によっては、これはデマだと差別だと、ヘイトだと。

「ははははっ！　実際、読んでもらえばわかるけど、事実を述べているだけの話で。要するに在日の人たちに非常に都合の悪い事実が、書いてあるわけですよ。在日の蛮行がね、生活保護なんか、一銭も払わないで日本人の15倍も20倍もよけいに取ってるとかね。年金も一銭も払わなくても全部もらえるとか。事実に基づいて書いているわけで。そういうものなんか、彼らにしてみたら都合が悪いじゃないですか。だから一所懸命に私をやっつけようとしているんだけど、別に僕自身はウソ書いてるわけじゃないし。メディアというものを100％抑え込んでんだ。何千万、何億っていうお金で抑え込んでいるわけだから」

――それは、在日韓国・朝鮮人の人びとがですか？

「それは誰だって、わかるわな、何千万ってお金で抑え込んでいるわけだから」

在日コリアンも納税しており、日本国籍でなくても生活保護を受ける権利は当然あります。また無年金で生活が困窮する高齢者が多くいて、メディアを抑え込む力なんてありません。すべてがデマと言えるヘイトです。

「別に悪くありませんよ。実際に日本がよくなればいいね、というそれだけの話で。在特会とか商工会とかいろんな保守の人たちがいましたからね。みんなで集まった時に、ぼくも顔を出したりしてましたから、その人たちがやっていたと思う。誰が書いたかわからないっていうのは、要するに文体が違うわけですよ。それがこっちへあがってくるわけですよ」

――まとめておられたんですね?

「そうです。同じ文体にする。日本再生大和会でもブログはやってたんですよ。でもアクセス数が全然違うわけですよ。300だったり500とか。ぼくなんか一日のPVが当時で10万ぐらいありましたからね」

――ページビューが10万も?

「だいたい一日4万人から5万人来てましたからね。いまのアフィ（アフィリエイト＝広告）やってないでしょ。設定してなかったから逆に信用がついてきたんですよ」

在特会（在日特権を許さない市民の会）はヘイトスピーチ団体ですが、そのメンバーらと関わり、2017年に高額の寄付をしたと述べました。その原資はすべて、余命ブログで呼びかけたカンパだと自慢げに語ります。

「一日で700万ぐらいぽーんと入ったからね。あのね、金曜日に僕が呼びかけしたら土曜日に700万、月曜に1400万になって、すごいねって。とにかく半端な金じゃなかったんですよ。信用力と思うんです。今になってみたら自分自身だけでやってたらよかったんだけど。保守の人たちに役立てばという呼びかけだったから」

読者に信用される理由について男性は、その独特の語り口で、ブログの中身が「時間認証だから」と解説を始めます。「時間認証」とは、書いた時点では事実かどうかはっきりしなくても、しばらく時間が経つとそれが現実となり認証に至るということで、みんな驚くほどその「事実」に信頼を寄せる、と奇妙な理屈をこねます。

その後、彼はその「認証」を願望するような、不吉な妄想へ話を進めます。在日韓国・朝鮮人と日本人が敵対し、戦争するのを望んでいるかのようです。

「こういうような状況だから、これは戦争になったらたいへんなことになることは間違いないわね」

——どんな戦争を想定されているんですか。

「虐殺の連鎖になるでしょうね、おそらくは。虐殺。要するに戦争ですからね」

——どんな戦争になりそうなんですか。

「在日の蛮行というものがもうほとんど知られちゃって、国民がみんな知るということが一番ある意味、怖いわけですよ。とくにこういう民族戦争はね。実際にいま、韓国人が日本人にどういうことをしてきたかがどんどん明らかになっちゃっているわけで。これが本当に表に出てしまった瞬間に、これはきつい。とくに問題は韓国の法律なんですよ。韓国の法律というのはご存じかもしれませんが、国防動員法というのがありましてね、その第39条は、何が書いてあるかっていうと、在外国民はすべて有事の場合には戦闘員となると書いてあるんです（韓国憲法第39条に国防の義務は記されているが、国防動員法ではない）」

「ところが、ちゃんとした軍隊ではないんですよ、在日は。ということは、テロ、ゲリラ、便衣兵（民間人に偽装した兵士）という扱いになっちゃうわけですよ。そうすると、テロ、ゲリラ、便衣兵は即刻、処刑を認められているんですね。これが戦時国際法の怖いところで。いま在日がもし日韓断交という形になったらそういう状態になっちゃうんですね。そうすると殺すか、殺されるか、という状況になっちゃうので、非常に危険だってことですね」

――その……在日の方がテロリストになるとおっしゃってますか？

「テロリストじゃない。戦闘員ですよ。敵国兵ということですよね」

「日本と韓国の間には、明らかな宣戦布告はないと思います。おそらく断交という段階でそれが始まると思いますね」

――在日の方が、みんな敵国兵になっちゃうわけですか？

「だから、敵国兵だったらいいんですよ。敵国兵なら戦時国際法は適用されるんでね。だから捕虜という扱いになるんですよ。ところが平服を着た兵隊ということは、全部ゲリラですよ」

――私たちに見えないということですか。

「見えないです。日本人の顔をしていて、ふつうの服を着ていて、それでもって敵国の兵隊というのは、これを便衣兵というんです。なりすまし、です」

　陰謀論を駆使する人種差別主義のデマゴーグを語っていく男性。まさしく「暴力に結びつく差別である」と感じます。さらに余命を応援する仲間が、国家と一体化して発信する点が見過ごせません。ヘイトスピーチを繰り返す男性がツイッターでこう煽っていました。「余命さんは安倍さんと二人三脚で、安倍さんのGOサインを受けて、（中略）売国奴を片っ端から死刑にしてくれます。単なる牽制ではないですよ」（2017年8月26日）

差別扇動者を勢いづけ、つけ入るスキを政府が与えているとしたら、非常に深刻な事態です。

――日韓の断交は可能性としては、まるでないんじゃないでしょうか。

「非常に強いと思いますよ」

――可能性はないんじゃないでしょうか。

「いやいや、もう、お宅さんの年齢ではわからんかもしれませんが、火種はいくらでもあるんですよ。朝鮮人に滅茶苦茶《めちゃくちゃ》にやられたという人がまだ生きてますからね。その孫、子という人たちの意識ってのは半端じゃないですから、それは消えてないからね。機会があればと我慢している人がかなりいるので、それに火が付いたら、これは一気ですよ」

取材を続けるのは、耐えがたい苦痛でした。日本を故郷として生き、地域と隣人をいつくしんで支えている在日コリアンが大阪には多くいます。いや、大阪に限りません。コリアンルーツの人たちに贖罪《しょくざい》したい感情が強く湧きます。

男性は無自覚でしょう。ですが、語っていることは差別感情による誇大妄想の極みと言えるでしょう。

——ご自身は戦争のご体験を幼少のころなさっているんですか。

「ないない。戦後の生まれだから」

——戦後何年生まれですか。

「ぼく戦後(昭和)21年だから。72ですよ。親から戦争は聞いているからね」

「民族紛争というのは、ちょっとしたきっかけで大爆発を起こすのは、どこの国の歴史を見ても明らかなので、これは復讐戦《ふくしゆうせん》なんですよ」

民族間の復讐を駆り立てる人物に対し、世界中に流れるネットメディアという恐ろしい武器を与えてしまったと思える現実。私も戦後生まれですが、時折、笑い声をあげて語る声を耳にして、すさまじい戦争被害の苦しみを心に抱えながら生きざるを得ない人たちが大勢いることを知らないのだろうか、と苦しくなります。電話を切りたい衝動に何度も襲われますが、納得ゆくまで話をしてもらう、それは取材では大事なことです。

男性は、しだいに自身の素性についても語り始めました。タクシー運転手で組織する労働組合の活動を長くやっていたため年金で十分に暮らしてゆけること。あわせて4000万円ほどを保守活動の資金援助に費やし、口座残高は600万円ほどあること。裏切り者の知人のせいで個人情報がネット内にばら撒かれ迷惑しているが、弁護士らに対し約30億円の訴訟を準備中であることなどです。もちろん大言壮語が入っているでしょう。

そして男性は言い訳を繰り返すのです。「自分は懲戒請求にも、告発にも関わっていないから、何も責任はないんじゃないか」と。

こちらはもうへとへとです。1時間半やりとりして受話器を置いた時の私の表情は険しく、疲れがにじみ出ていました。背筋を伸ばして大きなため息をつく動作が、しっかり映像に残っています。

中傷の発火点は青林堂

報道カメラマンは、自ら「考える人」であり、リスク管理にも長《た》けています。南埜カメラマンがもっとも警戒したのが余命ブログを書籍化した出版社、青林堂の取材でした。それは事前に関連情報を渡し、関係する人物名も伝えていたからでしょう。そうした情報をもとにして、カメラマン自身がさらにネット動画などの情報を収集し、「リスク」を勘案します。調べた動画の中に「これは、まずい」と感じるものがあったそうです。

関西圏の取材であれば、社の車を使うなど万が一に備えたさまざまな予備機材を用意できます。しかし出張では機材を軽くする必要があり、リスク対策との兼ね合いが難しかったといいます。運が悪ければ、公道で正当に撮影するだけでもトラブルになります。機材が故障するリスクも時には発生します。

私は、ブログ主の男性に接触する前から青林堂の社長に対してインタビューを繰り返し申し込んでいました。最初に取材依頼の電話を入れた翌日には、ＪＲ新大阪駅で老舗《しにせ》和菓子店の最中を購入、それを手土産に東京の事務所をひとりで訪問しました。カメラマンは連絡が取れるようにし、同行させていません。いきなりカメラマンと押しかけるのは相手をよけいに刺激すると思ったからです。

ヘイトスピーチ団体の元メンバーが広報担当であるらしいと耳にしていました。いくつもの防犯カメラが監視の目を光らせている物々しい雰囲気のその事務所。ドアを開けて姿を見せた幹部はがっしりと体格がよく、無愛想な応対です。取材を申し込んでいるのでご挨拶をかねて立ち寄っただけで、社長に渡してほしいと名刺を差し出しますが、名刺も持参した最中も受け取りません。社長は留守だと仏頂面で言うだけです。事務所の中の様子も一切わかりません。

１９６２年創業の青林堂は、伝説的編集者の長井勝一によって設立され、漫画とサブカルチャーの一時代を築きました。創刊号から漫画家の白土三平も関わり、一世を風靡《ふうび》した『ガロ』

（休刊）という漫画専門雑誌は、多くの漫画家を輩出しています。しかし経営が傾き、現社長になって以降、いわゆる嫌韓本や難民を侮辱する著書などを多く出版しています。

訪問後もＦＡＸで再度取材を申し込んでいましたが、応じられないという回答でした。余命ブログ主の電話取材を終えた後、追加して彼が語っていたコメントも添え、社長に確認したい旨の質問を列挙し、再要請しました。すると、直後に当社への返信ではなく、青林堂の公式ツイッターで、次のように発信したのです。

当社にアポなしで押しかけ「社長にインタビューさせろ」と要求。「会社のＦＡＸが壊れている」など嘘をつくので信用できない記者だと思ったら、どうやら「ブラック記者」のようです。―ＭＢＳの斉加尚代が作った「ニュース女子」批判番組の酷さ―『メディアの権力』を監視する。（２０１８年11月28日）

そこには、沖縄の救急車デモに関して私が消防署に携帯で確認している場面が貼られていました。「ＦＡＸが壊れている」なんて言った覚えはありません。訪問した経緯は、先述した通りです。公式ツイッターのコメントは事実と異なります。さらに直後の第三者によるリツイートは、こうです。

斉加尚代と言えば、国旗国歌の話で橋下徹元大阪府知事とやりあった人。私はそのVを見て、斉加尚代は、強烈な反日思想だなと感じた。（同11月28日）

ご丁寧に当時の囲み会見の動画までアップされています。

これこそ、予想した通りの反応です。彼らは「制作者の心をくじこう」と画策したのでしょう。ツイッターを使って意思表示してきたのです。すると即座にこれら青林堂ツイッターのコメントを、科研費バッシングに加担した「CatNewsAgency」とその仲間たちが次々とシェアしてリツイートを繰り返し、瞬く間に「ブラック記者」のコメントが拡散されてゆきました。

思わず噴き出したのは、沖縄在住の依田氏がツイッターで再度私たちの取材に触れて、「これ、僕にアプローチしてきた時と全く同じ。『番組名は言えないけど幅広い意見を取り上げたい』と両論併記を装って『ヘイトデマの発信元』として『捏造』された。初めて収穫した稀少なトウモロコシを出したら2回も要らないと断り、3回目で食べて芯をバッグに入れて持ち帰った。最初から変だった」（2018年12月2日）とネットに流し、参戦してきたことです。微妙に上書きされていますが、またもトウモロコシ！

青林堂は、自民党が下野していた2011年から『ジャパニズム』という政治とサブカルチャーをコラボさせた雑誌を発行していました（２０２０年、53号で休刊）安倍元首相が雑誌の表紙を飾ることもあり、杉田氏も有力筆者です。この雑誌は、２０１４年ごろから「反日の事象を募集します」と毎回記し、ネット空間のブログの文章をそのまま掲載したと思われるページが多数ありました。ネットユーザーを意識した雑誌作りをしていたのでしょう。

社長は社員に対し、「うちの社員は全員右翼だ！　右翼になれ」と恫喝を繰り返していたとパワハラ被害を訴えた元社員は証言します。実は、労働裁判を闘ったこの元社員の代理人弁護士が、大量懲戒請求を受けた佐々木亮弁護士だったのです。

元社員は、私たちのインタビューに対し、内情を語りました。

「営業成績をあげるために必死でヘイト本を売りまくっていました。すごく売れたんです」

当時は、会社の命令に従い、善悪に無頓着で事の重大さに気づいていなかったと、申し訳なさそうに何度も反省の弁を述べたのです。

ＩＴエンジニアの分析に驚愕

デマやヘイトを発信する人たちに接すれば、自分も槍玉にあげられるだろう。この章の冒頭に述べた通り、そう予感して、ある作戦を立てていました。もし、ネット内で制作者を中傷する言説が広がったら、その広がりを専門家に分析してもらおうと手配していたのです。11月28日、

「ブラック記者」をリツイートして拡散するアカウントが次々増えるのを見て、「計画通り」だと登山のルートを仰ぎ見るような気持ちで知人に1本の電話を入れました。

「斉加さん、もうデータを取り始めています。やっぱり来ましたね！」、事前に声をかけていたITエンジニアが弾んだ声で応えてくれました。「斉加」のワードを含んだコメントが、どんな人たちの手によって拡散・共有されていくのだろうか……。

放送日まであと半月ほど。編集やMA作業上、遅くとも10日前の12月6日にはデータの分析結果を番組に盛り込むかどうか判断しなければなりません。データの集積は12月3日まで。カレンダーをにらんで、「できるだけ早くリポートをあげてほしい」と頼みました。IT業界ではかなり有名な賞をいくつも受賞しているエンジニアが加わって、ふたりしてほぼ徹夜で分析に励んでくれたそうです。

タイムリミットより2日早く、そのエンジニアからメールが届きました。

「発言の数の多い（より濃く関わった）ユーザーのランキング→まさかのCatNewsAgencyを差し置いて、1位の座を得た者がおります」

最初、彼からのメールの意味が理解できませんでした。大量のツイッターデータが添付されていましたが、すでに編集作業の真っ最中で全部に目を通す余裕はありません。

さらにカメラマンには、ネット上の書き込みなどの撮影を指示していて、編集しながら追加素材が増えていくというアクロバティックな極限状態に陥ります。こういう時でも、ディレクターは増えないので、いわば個人商店がてんてこまいの状況です。一緒に作業する優秀な編集マンがこちらの意図を汲んで支えてくれていました。

ＭＢＳ公式ツイッターに絡んでくるユーザーも出始め、報道局内からも「大丈夫なのか？」と「炎上」を懸念する声が聞こえてくるようになります。プロデューサーの奥田は、直接は何も言いませんでしたが、裏では攻撃をたいへん心配しつつ「あいつは信じられないような精神力の持ち主」とやや呆れ気味に言っていたそうです。私自身はただ無我夢中、目の前の番組を完成させようと必死だっただけなのですが。

１回目の番組プレビューの日です。50分という放送尺からかなりオーバーしている未完成の編集版のチェックが行われた日、エンジニアから解析レポートが届きます。そこで、想定していなかった事柄が明らかになっていました。「ボット」による操作が疑われると書かれていたのです。えっ？「ボット」ってあの「ボット」？ まさか！ 目が点になりました。

この「ボット」の存在を私がきちんと認識するに至ったのは、『バッシング』の原案となる「『反日』攻撃」の企画書をプロデューサーに送った日（6月12日）のこと。たまたまその朝に配信された朝日新聞のデジタル記事を読んだのです。記事には「２０１４年12月の総選挙で、選挙に関するツイートの約8割が『複製』されたものだったことを、ドイツの研究者がつきとめた」とあり、「黒衣は『ｂｏｔ（ボット）』という自動投稿プログラム。ツイッターで同じような内容を作成し投稿できる。似た内容のツイートが大量に出回ることで、実際の発言者は少なくても多くの人が話題にしているかのように見せかけることができる」とまとめられていました。

ＳＮＳの選挙への影響について研究発表したのは、ドイツのエアランゲン＝ニュルンベルク大学日本学部教授、シェーファー・ファビアン博士です。「ネット点描」という朝日のコラムにも記事が掲載され、２０１４年の総選挙で、ツイッター上で政治的な意見やキーワードがどのように共有・拡散されていたかをビッグデータから分析したといいます。するとあらかじめ設定した単語を「自動的にリツイート（再投稿）するプログラム『ボット』による大量の投稿があり」、しかも安倍政権に批判的立場の人を狙った攻撃が目立ったとのことです。

ボットとは、ロボットを語源とするネット用語で、人間の操作を必要としない自律プログラムです。つまり自動応答してくれるソフトです。そのソフトが勝手に情報をどんどん拡散する、ＳＮＳならではの仕組みです。

「ボット」を操る人間の姿は見えません。でもたとえば、次のような指示のもとプログラミングできるそうです。

「この投稿を1万回ツイートしろ」「『反日』というワードが入ったツイートを少し言葉を修正

し1万回リツイートしろ」

シェーファー教授は、米国のトランプ大統領がツイッターに投稿するやリツイートなどの反応がすぐに2万ぐらいいつくことについても「ボットによるものがかなりあると思う」と指摘していました。

その「ボット」が、たかだかいち番組制作者でしかない私をターゲットにして使われたなんて。本当にびっくりしました。しかし、レポートによれば、青林堂ツイッターが「ブラック記者」とつぶやいて以降、もっとも「斉加」というワードを取り上げて情報拡散に一役買ったのは、「ボット」の疑いが強いアカウントだったのです。その解析は、次のような内容です。


ツイッター解析レポート〜人工芝について〜
●解析データの統計量（〜2018年12月3日18時）
解析対象：キーワード「斉加」を含むツイート（リツイート含む）
総ツイート数5320→うち元ツイート数145→うちリツイート数5175
（参加しているアカウント数2726）

●人工芝（#ソーシャルボット）についての総括

解析データの一部に、人工芝の可能性が極めて高いアカウントがあることがわかった。

「人工芝」という言葉もネット用語です。草の根の民意ではなく、人為的に作られた本当の「草の根」ではない言論を指して言うのだそうです。ソーシャルボットは、特定の思想や運動を擁護する目的で自動運用されているボットアカウントのことです。以下、報告文を続けます。

●今回発見した人工芝の特徴

【特徴1：アカウント名がランダムな15文字の英数字】

ツイッターアカウント作成時にアカウント名を指定しなければランダムなアカウント名となる（＝アカウント名にこだわりがない）。「斉加」を含むツイート／リツイートを行ったアカウントは、無作為に選出したアカウントに比べて3倍以上の高い割合（例えば、半年以内に作成されたアカウントについては40％以上）でランダムなアカウント名であった。

このような統計量としての数値の乖離《かいり》には必ず原因があるが、まず考えられる理由として、人工芝用の使い捨てアカウントとして運用している割合が多いのではないか。

【特徴2：異常なツイート投稿頻度】

ツイッターアカウントを一般的なSNSの用途として運用している人が、平均して数百ものツイート投稿を毎日行うケースは稀である。このような異常なツイート投稿頻度のアカウントは人工芝あるいはソーシャルボットとして運用されている可能性が高い。なお、このような特徴を持つアカウントは、ほとんどリツイートによる投稿である。

これらの特徴があれば必ず人工芝であるという保証はないが、下記のような具体例を見ていくと、ほとんどの人はこれを人工芝と思うのではないだろうか。

この後に具体的にアカウントを挙げて、約2分に1回ツイートしているなど細かな指摘をしていました。作られたばかりのアカウントも目立ち、数分に1回の発信を連日行い、投稿のほとんどが特定の思想や活動に偏ったツイートに対するリツイートであることもわかりました。このレポートに加え、ユーザーランキングや時間推移による発信記録など大量のデータがまとめてありました。さらに、これらのデータを大阪大学の辻大介准教授にも送り、解析リポートに目を通してもらいました。

辻さんも「ボットの疑いが極めて強いですね」と回答をくださいました。ネット空間では、ITソフトの手を借りた「虚飾の言論」が当たり前なのでしょうか。

放送尺の編集最終版は、奥田とともに前プロデューサーの澤田にも「リスクマネジメント」

の立場で参加してもらい、ダブルチェックで『バッシング』は完成します。どのように解析結果を入れるか、あるいは入れるのを見送るのか――。エンジニアから大量に送られてきたツイートデータを印刷するたび、容量が大きすぎてプリンターがストップするというアクシデントに何度も見舞われます。なんとか印刷した大量のアカウントとその文面のデータとにらめっこし、同じようなリツイートが繰り返されている現象を確認し、放送への決断に傾きました。

放送するにしても説明文はどうするか、背景は何にするか、ネット用語で果たして視聴者に伝わるのか、ギリギリまで悩みます。分析結果を入れることに決めた後も、黒の画面に文字を出すべきか、あるいは動画にすべきか、音楽はつけるのか、無音がよいのか、思考の渦が轟音《ごうおん》を立てて頭がはち切れそうな状態でした。その細かな判断しだいで視聴者の印象は微妙に変化します。とにかくじっくり考え込む時間もありません。

カメラマンが空撮で夕景を撮った映像にテロップを無音で流すことに決めました。コメントは以下のようにまとめました。

当番組は放送前、ネット上で一部の人々から標的にされた。
先月末から6日間、取材者を名指しするツイートの数は5000件を超えた。
その発信源を調べるとランダムな文字列のアカウント、つまり「使い捨て」の疑いが、一般的な状況に比べ、3倍以上も存在した。

およそ2分に1回、ひたすらリツイート投稿するアカウントも複数存在した。

取材者を攻撃する発言数が最も多かったのは「ボット」（自動拡散ソフト）の使用が強く疑われる。

つまり、限られた人物による大量の拡散と思われる。


『なぜペンをとるのか』に始まり、「メディア三部作」を制作していたからこそ、たどり着けた、ネットとリアルをまたぐ双方からの視点。放送前からネット上で「標的」にされ、プチ炎上をくぐり抜けてくれたこの作品。ひとつの仮説を検証するに至った『バッシング』は12月16日深夜、正確には17日午前1時5分から放送されました。そして、視聴者のもとへ届いてからは、番組がひとり歩きを始めるのです。

番組に寄せられた感想

放送直後の午前2時台に、番組への感想をＭＢＳ窓口にメールしてくる人が相次ぎます。こんなことは初めての経験でした。その例を挙げてみます。

知れば知るほど気持ち悪く恐《こわ》い現実。吐き気がする程でした。しかし、これが現在起こっている出来事なんですね。最後の締めくくりも震えましたが、このまま黙っていては彼らの思うつぼなんだ…と思います。（12月17日未明／40代／女性）

ネット上のデマや、蔓延《まんえん》する歴史修正主義に突っ込んだ取材で大変勉強になりました。久しぶりに「これぞ報道」を見た気がします。（12月17日未明／40代／男性）

その後も感想が続々と届けられました。

番組によってなされた問題提起は、大変重要かつ意義のあるものだと思いました。なにより冗談かと思うほど、デマを発信している人間が、その行為に対して無自覚・無責任であることが、丁寧な取材によって非常に明快に示されていたことは、視聴者にとって重要だったのではないかと思いました。（メール／40代／女性）

衝撃を受けたとともに感動しました。ここ2－3年はテレビも本当のことを言わなくなったので見なくなったんですけど、あの番組を見てからもう一度テレビを見ようと思うよう

になりました。嫌がらせや圧力があると思いますが負けずに頑張ってもらいたいです。（電話／60代／男性）

ここまでちゃんとファイティングポーズをとった番組は今までなかったと思います。バッシングに晒される事も当然予想される中、よくやってくれた、という気持ちです。「意見の違い」ですら無く、扇動され隣人を攻撃する事に喜びを感じているような人が増えている昨今、とても大事な放送をしていただきました。（メール／男性）

内容に大きな衝撃を受けました。政権批判や慰安婦問題などを扱う方たちを執拗にバッシングする風潮は以前から把握していましたが、バッシングを煽動した者たちの浅はかさや卑劣さを目の当たりにして、大きな憤りを感じます。（メール／30代／男性）

評価する人が多くいたいっぽう、明らかに反感を持つ視聴者もいました。

ドキュメンタリーの名を借りた報道テロをいますぐやめろ。取材に答えた花田編集長を卑劣なまでの人格攻撃をした。断じて許されない!!　斉加みたいな極左テロリストに好き放題やらして、その責任をどない考えとんのじゃ!!　さっさと打ち切れ!!　毎日放送はフェイクメディアか!!　好き放題やりやがって!!　さっさと打ち切れ!!（メール）

番組全体を通して左翼の主張を肯定する内容でした。特定の人を侮蔑する偏向番組でしたね。これは明らかに放送法に違反していると思います。番組の意図として保守派への攻撃・言論弾圧でしかないと思います。（電話／50代／男性）

こうして12月末までに85件もの感想が視聴者から寄せられました。その内訳は、よかったと支持する意見が61件、批判的なものは14件、その他10件。ところが、インターネット内の反応は、まったくこれとは異なっていました。

放送後の「ネトウヨ祭り」

放送した翌日の18日、ツイッターの国内トレンド（流量の多い）ワード総合8位に『バッシング』が入ります。かなり反響があったようです。一部のネットユーザーが大騒ぎして拡散したのは事実でしょう。そこにボットも一役買っているはずです。

興味深いネットユーザーの実態も少しずつ見えてきます。「僕たちはBotじゃない！」そんな掛け声のもとリツイート早押し大会を深夜に企画した人たちがいました。「30秒間に何回手動リツイートできるか」を競って、ボットでなくても人間の手で2分未満に1回のリツイートなんて軽々できるのだと発信します。そりゃ、短い時間だけ区切ればできるでしょう。けれど、起きている時間ずっと何もせずかかりっきりで数か月も早押しし続けるのは、どう考えても無理な所業です。とはいえ、彼らにとっては「負けない」という示威行動のようです。反撃して番組をやっつけてやろうという、悪ふざけのようなノリでツイート合戦を繰り広げる様子を観察しました。

実は番組放送時と放送後も引き続きツイッター解析をお願いしました。大炎上が起きるかもしれないという危惧もあったからです。結果は大事に至りませんでした。放送開始の1時間5分前の12月17日午前0時にスタートし、25日正午までをデータ集積の対象にしました。「斉加」を含む総ツイート数（リツイート含）4万7007件、発言数の多い（より濃く関わった）ユーザー1位は、やはり放送前の調査と同じ「ボット」の可能性が極めて高いアカウントでした。放送後に番組を紹介してくれたウェブマガジン「LITERA（リテラ）」の記事がリツイート数で上位5位に入りましたが、「LITERA」を除けば、10位までは番組を批判する立場の発信ばかり。敵対的な言説のほうが拡散されやすいという傾向を見事に証明しています。

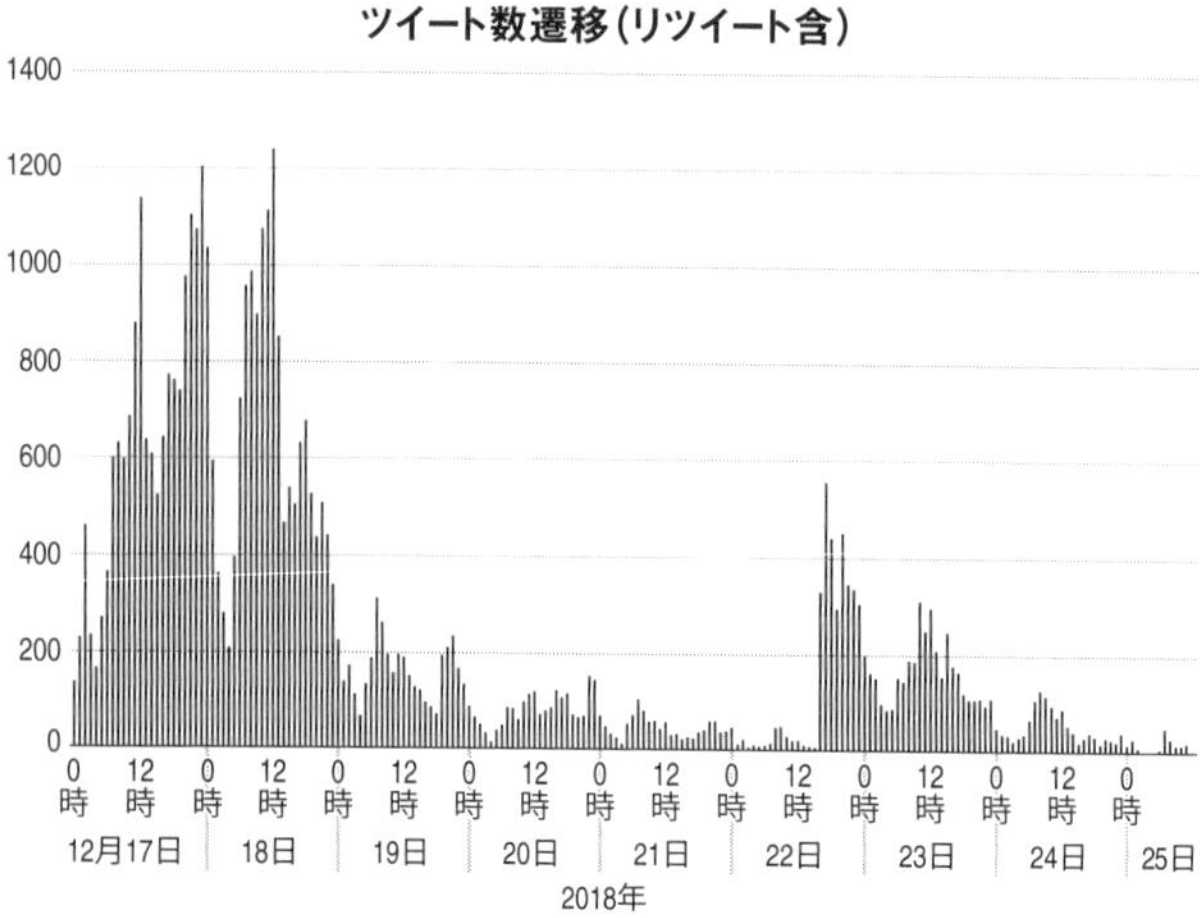

ツイート数を時間を追って棒グラフにしたものも作成されます。このグラフを見ると一目瞭然、ふつうの人が寝ている時間帯にも相当数のリツイートが見てとれ、なるほど自動拡散ソフトなら眠る必要もないと感じ入ります。炎上は、棒グラフの山が波のようにどんどん高くなって生じるものですが、今回は、放送直後の大きな山の後にほんの小さな山が再び来る程度で収束に向かいました。小さな山は、私が過去に沖縄をテーマに講演した動画の一部が切り取られてアップされたものですが、インパクトのある発言をしているわけでもなく、嫌悪も共感もシェアは広がらなかったようです。

いっぽう「CatNewsAgency」は、ノリのよいグループとは様子が少し違いました。放送前に「日刊スポーツ」が番組告知記事をネット配信し、「杉田氏のツイートをフォローする保守系ツイッター『CatNA』は、牟田教授を批判するツイートを連打」と触れたせいか、放送前から気にしているようでした。

「記事を読んで、このアカウントにアクセスされた方は、まず以下のまとめをお読みください」と説明文をまずアップ。放送後は、「『(この番組こそ)放送倫理委員会へ訴えを出すべきもの』→無駄ですね。BPOは左翼の巣窟。寧《むし》ろ、いつものように賞を総なめにする可能性が高い。テレビ番組に賞を与える審査員も左翼ばかり。これが、地上波テレビ業界の実態」と噛《か》みついて、テレビ業界を「左翼」「偏向」だと決めつけて語ります。過去にも「放送法の中立公平なんて、守る気ゼロなんでしょうね。これが民放連の実態」「地上波テレビは腐ってますね」とテレビ全体への批判をしていました。

付言すると、「CatNA」は民族差別にNOを示しました。「余命とその信者はどうでもいい」「私のブログを引用して、在日認定デマを広めるのは迷惑です」と繰り返した点には目を見張りました。

その後、何があったのでしょうか、「しばらくツイートを休みます」と表示し、4・6万人のフォロワーを急速に外してアカウントが凍結されました。「身バレ」、つまり正体が暴かれるのを警戒してのことか、あるいはフォロワーから苦情を受けたのか。

いずれにしても、活発に声をあげる匿名の彼らがいったい誰なのか、こちらは特定できませんし、ボットを巧みに操っている人物の正体もベールの向こう側です。実のところ誰が中心人物で誰が扇動されているのかわからない、という不気味さがぬぐえません。

しばらくして、意気揚々と集って発信を続けていた彼ら仲間たちの私に対する書き込みがピタッと止まり、姿を消してしまう局面を迎えます。あれ、どこへ行ったんだろう……。

調べてみると、月刊誌『DAYS JAPAN』編集長でフォトジャーナリストの広河隆一氏のセクハラ問題を叩く勢力に一斉に転じていたのです。広河氏と活動をともにした女性弁護士たちも攻撃の的になっていました。佐々木亮弁護士が述べていたように、イナゴの大群のような集団行動のパターンを目の当たりにして、群衆の標本のひとつに出会ったのかもしれないと感じたのでした。

政治の影響力と「歴史を否定する力」

社会学者の倉橋耕平さんは、90年代後半から保守言論人の間で、歴史がディベートの対象になってきたことに、ひとつの要因があるのではないかと指摘します。倉橋さんは、カメラを向けた岡山大学での講演の中で次のように言います。

「歴史のディベートでやろうとしていたことというのは、真実よりも説得性が重要だということを主張していたわけなんです。だけれども、ディベートで相手に勝つためには、相手に反論させないだけの知識があればいいわけです。つまりまったく知らないような歴史的なトリビアが一個出てきて、これを崩せないんだったらディベートは負けちゃうわけですよね。ですけれど、それでいいわけです。そんな不誠実な歴史の論じ方はあり得ないと思うんですけど、そうすることによって他者を沈黙に付すことができます」

歴史を軽んじる動きに商業メディアが加担し続けてきた、とも分析します。

「そもそも彼らは、最初からこれまでの（学問の）蓄積を見ようとしません。つまりこれまでの歴史学の歴史を見ようとしない。で、それを全部チャラにして、フラットな状態にして、いや、これは一回調べてみる価値があるとか、調べるぐらいいいじゃないかと言いだす。そこがまずもって学問的に見れば、不誠実ですけど、そこ（学問の蓄積）を抜きにしてしまっては、アカデミアの人間が対話をするための足掛かりも最初からないんですよ。それが非常につらいところなんです」

民主主義社会の根っこである対話や叡智《えいち》である学問を軽んじ、眼前の「勝ち負け」を左右する「物量作戦」に血道をあげる。倉橋さんは、ネット空間をこう評します。つまり、真理の追求ではなく、市場原理にシンクロする、数の「勝者」の絶対視、それが「正義」だという結果主義です。圧倒的多数を取りにいくには客観的事実や歴史に残る史実は後回しでもよく、徹底的に相手を叩いてもよい。ネット言論は、いわばリング上の勝負なのだ、そのゲームに勝たねばならない。私は、この勝者こそすべてである、という社会を覆う論理におののくしかないのです。

しかし、テレビというメディアを振り返った時も、視聴率という物差しによって「勝者を決める」「コンテンツを決める」考えがどんどん深化し、ついにはジャーナリズム精神すら蝕《むしば》もうとしている現実に唖然とします。テレビの広告収入減少を補うために、ネット配信ニュースを増やす。これらは一見、当然の経済原理であり、資本主義の現況ですが、ここに世界を覆う拝金主義と政治の流れを鏡のように見るのです。真理や自由が攻撃対象になり、研究者や知の専門家がバッシングされて、大衆がデマに扇動される先には、何が待っているのでしょうか。専門知がきちんと政治の場に届かない、あるいは政治家が専門知に耳を傾けない国や自治体でいったい何が起こるのか。世界中を襲ったコロナ禍での各国や各都道府県の感染被害状況の差を見れば一目瞭然ではないでしょうか。

審査員が「1点」をつけた理由

2019年7月18日、大阪市内のホテルで、民間放送連盟賞近畿地区審査が行われました。MBSは報道番組部門に『バッシング』を出品、5人の審査員のうちひとりが次のように酷評し、最低の1点をつけました。

「見ながら不快になった。描かれていることが、『右派』によるリベラル攻撃だけを描いていたからだ。同じように、『左派』による保守派攻撃も存在する。両方の事例を取材して、その根っ子にあるものに迫っていくことが大事なのではないか。最後の方の字幕で『拡散ソフトボット』という文字が現れる。何ですか、これは？　このようなことが起きるのは拡散ソフトのせいなのか？」

審査員5人の顔ぶれは、青木理《おさむ》氏、蟹瀬《かにせ》誠一氏、田崎史郎氏、真山仁《じん》氏、宮本勝浩氏です。女性はひとりもいません。ピンときた読者もいると思いますが、1点をつけたのは政治ジャーナリストの田崎氏です。政治家べったりの会食を揶揄され「スシロー」の異名を持ちますが、最低点の理由はどうやら「中立ではない」と判断したことにあるようです。

いっぽう、他の４人は、最高点の６点がひとり、５点がふたり、３点がひとり。ドキュメンタリー番組に点数をつけること自体に抵抗感がありますが、ここでは議論の題材として述べたいと思います。

テレビのワイドショーに多く出演し、「直接、政権中枢を取材して事実を伝えているだけ」と胸を張っている田崎氏。時の政権が何を考えているかをそのまま伝達するのを役割としているならば、あなたこそ「中立」なのか、とまず問いたくなります。

「右派によるリベラル攻撃だけを描く」「両方の事例を取材しろ」と指摘しますが、重要な点を見落としています。権力を握る与党政治家が学者やその研究を激しく攻撃していることを見過ごしてよいのでしょうか。学問の自由への侵害は問題視しないのでしょうか。

ドキュメンタリー番組に対し、「両論併記しろ」と最低点を押し付けてくるあたり、まさに「政権の代弁者」である表明と言えそうです。

繰り返しますが、『バッシング』を視聴した田崎氏は、政権与党の国会議員が学者に対してゆえなき攻撃を仕掛けている、その重大性をまったく理解しようとしません。事実を見ようとしないのです。問題の本質から目を背け、イデオロギーの二項対立にすり替えて矮小化し、酷評してみせる。このことに深い失望を覚えます。

こういう振る舞いの人が、権力監視の役割を担うジャーナリストと言えるのか。そんな彼を重用するテレビの情報番組がいかに多いか。正直、複雑な心境です。こうして政治の劣化や暴走を招くことにテレビは加担してきたと言えるかもしれません。

その後、安倍政権を継承するとした菅義偉政権が、理由の説明も一切なく日本学術会議の会員6人を任命拒否し、違法状態が続いているのは、間違いなく「学問の自由」への攻撃が強まっていることの表れと言えるでしょう。

国家権力に近い場所で活躍する大物のジャーナリストたちは数多くいます。政治の本質にきちんと向き合ってほしいと心から願います。暗澹たるこの政治状況を招いているのは、政治家を甘やかし、裏で何かうまみを手にしているメディア人がいるからではないのか、そう思えてならないのです。

終章　『教育と愛国』の映画化に走り出して

取材を断られ続けて

待ち受けていたのは、とにかく厚い壁だった……。

『教育と愛国』が2022年5月に劇場公開されることが決まりました。映画化を実現するまでの道のりは、ひとつひとつ壁を突破する苦しい闘いでした。

テレビ版『教育と愛国』の放送から3年余りが過ぎた2020年9月、ひとりの男性が訪ねてきて、「『教育と愛国』を映画にしませんか?」と声をかけてくれました。男性は千葉県浦安市に拠点を置くドキュメンタリー映画の配給会社「きろくびと」の中山和郎さん。この年の「座・高円寺ドキュメンタリーフェスティバル」で上映された『教育と愛国』を見たから、とのことでした。教育の現状に対し、さらに取材を深めてほしいと話されました。

当社1階の喫茶店でこの提案を聞いた時、私は「到底、無理だろう」と感じました。というのも、所属するドキュメンタリーチームは、年間12本の番組を制作するのにギリギリの人員で、映画事業となれば報道以外のコンテンツ戦略局の協力も必要になり、その事業を担当する部署も人手不足。コロナ禍による減収減益で番組予算の大幅カットが猛スピードで進んでいる中では、劇場公開への展望がまったく見通せなかったのです。

実際のところ、最初にぶつかった厚い壁は社内にありました。『教育と愛国』の映画事業が正式決定するまで1年以上かかりました。社内交渉を積み重ねるのですが、「あのドキュメンタリーはビジネスにならない」「政治的リスクが高い」「斉加さんは、社外の人に騙されている」なんて声が漏れ聞こえてきて、幾度となくくじけそうになりました。

では、なぜ「できない」と思ったのに「やろう」と考え、さらには「できる」ことになったのか？ それは、この作品のテーマである政治圧力がより強まり、その危機感が映画の世界へ強く背中を押してくれたからと言えるでしょう。また、その圧力を肌で感じる社内外の人たちが「やるべきだ」と応援してくれたからです。私ひとりでは何もできませんでした。この時代が生んでいる圧力そのものによって、映画化を推進する力が増幅した、そう感じています。

具体的な例を挙げるなら、日本の科学アカデミーである日本学術会議の任命拒否問題が勃発したことです。現在の任命制になってから、初めての異常事態。新会員105人のうち拒否された6人はすべて人文・社会科学系の学者で、2013年に強行採決された特定秘密保護法や2015年の安保関連法に反対するなど政府の政策に異を唱えた人たちばかりです。衝撃でした。ついに政権が一線を越えてきた。メディアや教育現場を圧力の対象にしてきた政治のエネルギーが、学問を狙い撃ちするレベルに至った！と心臓が高鳴ります。映画化の提案を受けたその翌月、学問の自由に関わるこの問題に直面して、テレビという枠を超え表現の幅を広げようと私は邁進します。

外された6人の中で唯一の女性は、教科書執筆者で歴史学者の加藤陽子さんでした。東大教授の加藤さんは『教育と愛国』に登場した伊藤隆名誉教授の弟子にあたりますが、任命拒否後はウィキペディアが一気に書き換えられ、伊藤名誉教授が語った「新左翼」という言葉だけが、そのまま切り取られて記されて、絶句しました。もちろん「新左翼」というのは事実ではありません。こうして教科書に関する取材について構想がいろいろ浮かんだのです。

しかし、その構想も厚い壁に阻まれ続けました。取材を申し入れても受けてもらえない、取材拒否がずっと続きます。たとえば、教科書検定制度の内実を詳しく伝える上で、検定意見の原案を作成する教科書調査官をインタビューしたいと考えました。

書籍や論文を発表している大学研究者の元調査官に次々手紙を送って交渉を試みるも、誰も応じてくれません。インタビューに協力することがこんなにハードルが高いのかとため息が出ますが、教科書調査官を槍玉にあげ、個人攻撃する月刊誌などを目にしても感じるように、慎重にならざるを得ない政治圧力が充満している証左なのでしょう。

他にも検定合格後の教科書が印刷されている場面を撮影したいと考え、大手印刷会社に企画書を送り続けます。日本の教科書は、軽くて薄い用紙に表裏の文字や写真が透けないよう優れた印刷技術で作られています。しかし、「発行元である教科書会社の了解が得られない」「コロナ禍で応じられない」と断られ続け、諦めるしかありませんでした。

教科書の中身には一切触れない撮影なのに、取材を受けるその行為自体が「中立性を疑われる」「宣伝だと思われたら目をつけられる」と教科書会社関係者は難色を示します。同調圧力によって身動きが取れなくなっているとしたら、心配でなりません。企画書を送って交渉してはしばらくして断られる、その繰り返しが続く中で、さすがの私も気が滅入りました。

しかし、そうした中でも少しずつ得た情報に、へえーと驚くものがいくつかありました。出版労連や教科書編集者側への取材でイメージする教科書調査官は、「検定意見」つまり行政処分を突きつけて過剰な忖度《そんたく》に追い込んでゆく威圧的な人物像に感じられます。ですが、実際はそうとばかりも言えず、調査官自身が専門性に依拠し、編集者と粘り強く意見交換したり助言したりするケースもあるようです。学術的に質の高い教科書を作り上げる上で当然のプロセスですが、こうした大切なことが伝えられず、私たちには見えてきません。

また、文科省は教科用図書検定調査審議会の報告書で次のように指摘します。「近年、教科書として求められる水準に遠く及ばない図書が申請され、教科書の編集や校閲といった、本来発行者が注意深く行うべき部分について、実際上、検定が本来の趣旨から離れて利用されているような事態が生じている」。教科については特定していませんが、たぶん歴史がそのひとつでしょう。

歴史は、史料に基づいて書かれるものですが、日本史担当の元調査官への取材によれば、発

『教育と愛国』倒産した日本書籍の元編集者・池田剛さん（2017年）

行元の編集者に記述の根拠を求めたところ、歴史小説や絵本を示してきたケースがあったというのです。これには驚きました。司馬遼太郎の小説『坂の上の雲』もそのひとつだとか。絵本は『きゅーはくの絵本　海のむこうのずっとむこう』で、図書館で探して読みましたが、江戸時代の絵巻物にフィクションの会話を貼り付けている子ども向けの本です。さすがにこれには調査官も困惑するだろうと想像できます。学術的知見に基づく教科書が、うっかりすると学術から逸れてしまう恐れがある、その典型例のひとつと言えます。インタビューが撮れないために、こうした貴重なエピソードが盛り込めなかったことが残念でなりません。

そして再取材で歳月の流れを感じさせたのが、日本書籍の元編集者の池田剛さんです。集合住宅の一室を4年ぶりに訪ねました。慰安婦などの戦争加害の記述をめぐって政治圧力に晒され、倒産した日本書籍。池田さんは一時、会社再建へ動きましたが、結局うまくいかず、妻や子も去り、一人暮らしを続けています。狭いキッチンには割引シールが付いたコンビニ弁当と焼酎の紙パック、汚れた食器が無造作に積んでありました。書棚には教科書と資料をまとめたファイル、その横に古びたおもちゃの犬がちょこんと座っています。コロナ禍で引きこもりの日々だと嘆く池田さんは、曜日感覚もあやふやなようでした。

目を引いたのは、正面の壁に飾られている色紙。「勝ち負けはさもさあれ魂の自由を求めわれは闘う」と書かれています。聞くと、教科書裁判を一緒に闘った家永三郎氏の直筆だそうです。池田さんは、ぽつぽつと「あのころは、徹夜で座り込んだなあ」と語り始めました。しかし、4年前のような力強い口調ではありません。自身が編集した教科書を手にとり、「朝鮮などアジアの各地で若い女性が強制的に集められ、日本兵の慰安婦として戦場に送られました」と書かれたページを広げて説明もしてくれますが、以前のようには言葉が続きません。この日、2020年度の高校教科書の検定内容がニュースで報じられました。テレビの中の高校教科書を見つめるその表情も曇って見えました。老いをにじませる池田さん。その複雑な表情をどう受け止めたらよいのか、私は考え込みました。

もうひとり、慰安婦問題をめぐり対照的だったのは、外務省元事務次官の杉山晋輔さんへの取材です。杉山さんは外務審議官だった2016年、国連の女性差別撤廃委員会で日本政府代表として発言し、慰安婦に関して「軍による強制連行は確認できない」と強調します。当時、安倍総理の意向に沿うその発言内容は議論を呼びました。その後、駐米大使に上り詰めて退官し、日本記者クラブで講演しているのを知って、インタビューを依頼したところ快諾を得ました。

外務省を訪ねると、秘書が案内してくれて顧問室へ。その壁にはトランプ大統領が国賓として来日した時に応対する杉山さん本人の姿を捉えた写真が飾られています。おしゃれな背広の胸には日米の旗がクロスするピンバッジと拉致被害者の救出を願うブルーリボンバッジ。「外交と教科書」というデリケートなテーマであったため、警戒されるのではないかと予想しましたが、終始和やかです。唯一、険しくなったのは、慰安婦をモチーフにした「平和の少女像」について私が「アートだと言う人もいます」と言った時。「あれは歴史的経緯があっての像ですから、100人のうち99人はアートとは思わない」と強い調子で述べました。ですが、安倍元総理との関係についても「よくぞ聞いてくれた」という感じで語り続けます。トップ外交官の貫禄《かんろく》なのか、驚くほど社交的だったのです。

番組制作はいつも、山あり、谷あり。映画ではさらに険しい谷と山の連続でした。すでにテレビ版が存在し、キャンバスに半分ほどの絵が描かれてしまっている。ふだんなら取材を進めるにしたがって新たな発見や驚きを軸として全体をまとめあげてゆくという手法をとる私には、前作の作品性を踏襲するという課題も、ひとつの大きな足かせに感じられ、重荷でした。真っ白で残っているパズルのピースを埋めようとしても取材拒否の壁にぶつかり、思うように前へ進めない。閉塞する心理状態を切り抜けてゆくことにエネルギーを費やし、スリリングな状況でもあったと思います。

なし崩しにされる「不当な支配に服することなく」

２０２１年10月の総選挙が近づき、『バッシング』の取材時のように政治家らを直撃取材すべきだろうか、と何度か悩んで検討してみました。直撃するにはパフォーマンスではなく、聞くべき必然性がなくてはなりません。教育への政治介入を可視化させる狙いの中、いったい聞くべき相手は誰なのか。この社会における空気を掌握しコントロールしている人物はいるのか。大物に果敢に斬り込めば収穫を得る道を開くことができるだろうか。

さまざまな可能性を考えた時、政治家その人ではなく、その背後に控える顔の見えない人びとからの攻撃のすさまじさを思わずにはいられませんでした。政治家の犬笛によって政治家の言葉を借り物にして、意に沿わない記者を攻撃してゆく。それは記事やニュース、番組内容の批判というより、記者個人を攻撃する様相が当たり前になっています。

ロシアでは、プーチン大統領やその政策を批判するジャーナリストたちが「外国の代理人」

と見なされ弾圧されていることが国際社会の批判の的になっていますが、「反日記者」「中国の手先」などの言葉で記者を萎縮させる政治圧力が高まる日本も極めて似た状態だと言えないでしょうか。記者も人間ですから、苦境の中で孤独な闘いを強いられることに誰もが耐えられるわけではありません。それでも、それぞれの信念や職責への強い思いがリスクのある取材現場へと駆り立てるのです。

振り返れば今回は、ケガを負ってでもぶつかりたいと思える相手に出会えなかった気がします。失敗は許されないという防御心理が働いていたのか、あるいは直感的に「殺される」ような取材に突っ込もうと思えなかったのか。さまざまな壁にぶつかる取材をひとりで同時進行させている中での苦しい判断でした。それゆえ映画版はクールに見えるかもしれません。

けれども気づけば、歴史教科書への新たな政治介入が作品の骨格を作ることになります。生きもののようなドキュメンタリーの現場にふさわしい展開です。当初の構想にはなかった「従軍慰安婦」「強制連行」という教科書にある用語を書き換えさせる政治的動きが起きて、新聞も一部が報じました。詳しい内容は、映画で見ていただくとして、この記述変更の中身が明らかになった2021年9月初旬、文科省教科書課に正式にインタビューを申し入れました。このインタビューが撮れるかどうかは終盤で直面したクライマックス、緊張が続く局面でした。窓口である教科書検定第一係長を介して交渉を試みますが、「多忙を極めて受けられない」

「文書で回答する」の一点張り。何度もメールや電話でやりとりしました。

確かに通常の検定作業に加え、政治的動きに対応して業務負担が増え、国会召集もあり、極めて忙しかったのでしょう。活字メディアであれば文書回答であっても影響は小さいかもしれませんが、映像メディアの場合は致命的で、諦めるわけにはいきません。

取材申し込みから1か月余りが経過しようとした時、文書回答で対応するという姿勢を貫く教科書課に対し、質問項目を列挙した文書とともに変化球を投げる気持ちで別紙を送ります。その別紙で文部審議官か初等中等教育局長にあらためてインタビューを申し込みたいと強く要請した上、次のように付記しました。

「なお、外務省の元事務次官　杉山晋輔様に教科書と外交についてインタビューをご快諾いただき、すでにインタビューを終えております。ドキュメンタリー作品の全体のバランス上、貴省にもインタビューをお受けいただきたく再度お願い申し上げます」

教科書がテーマなのに、外務官僚が出演して文部官僚が何も語らないというのは、あまりにおかしいと訴えたのです。

するとしばらくして、神山弘教科書課長がインタビューを受けると返事がありました。この時は、目の前の壁をひとつ突破したように思え、ずっと悩まされてきたひどい肩凝りが少しマシになったように感じたのでした（その後も肩凝りは続きますが……）。

秋日和の10月25日、文科省を訪れました。応対する教科書検定第一係長が会議室へと私たちを案内する途中の廊下で「教科書調査官室」と刻まれたプレートのかかる部屋を見つけました。今回の取材では、調査官の部屋もぜひ撮影したいと事前に申し入れていましたが、文科省側は「今年度の教科書検定を行っている最中であり、静謐《せいひつ》な環境を保持する観点などの理由から、お断りをさせていただきたい」との返答があり、写真の提供も拒否されました。この日、廊下を歩きながらプレートを目にした北川カメラマンはすぐ反応し、小声で囁《ささや》きます。「調査官室のプレート、あれだけでも撮れないですかね？」。私も同じことを考えていました。廊下からプレートにピントを合わせて撮影すれば、部屋の奥の様子はわからなくても検定作業の雰囲気は出ます。そこで会議室に入るなり、あの掲示してあるプレートの撮影だけお願いしたいと再度懇願しました。しかし即座に「ダメです」の一言。廊下と看板の撮影もＮＧというこの姿勢、やはり納得できません。

２００７年当時の、教科書調査官８人が部屋で作業する様子を撮影したニュース映像は残されています。現在このように閉鎖的なのは、なぜなのだろう。教科書検定制度は広く国民の理解を得るべき重要な制度であるはずなのに、ブラックボックス化したいのかと苦言を呈したくなります。

神山教科書課長の話しぶりは、まさに官僚答弁のお手本でした。わかりにくく、かつ正当性を主張する技巧に長けています。そのため、映画でもコンビを組んだベテラン編集マンの新子博行は「何を言っているかまるでわからない」と長くつなぐことに躊躇《ちゅうちょ》するのです。「わかりにくさ」を大胆に見せようと考えていた当初の私のプランは、意見交換しながら編集を重ねるたびに少しずつ修正していくことになります。

重要に思えたけれど、映画に入らなかったインタビューをここに紹介します。教育行政に関する理念の本質に関することです。

先述したことですが、1947年に制定された教育基本法は、第一次安倍政権下の2006年に見直された時、教育行政の不偏不党性を謳《うた》った条文の一部が改変されます。それでも条文には旧法の「不当な支配に服することなく」という文言が残っています。そこで次のように私は質問を投げかけたのです。

「『不当な支配に服することなく』と教育基本法に明示されている「教育の独立性」について、なぜ、この条文が存在しているかについて、歴史的経緯を踏まえ、お考えをお聞かせください」

神山教科書課長は、手元に用意していた紙に目をやりながら、すらすらと答えました。

「『教育は、不当な支配に服することなく』の趣旨は、その教育が国民全体の意思とは言えない一部の勢力に不当に介入されることを排除して、そして教育の中立性ですとか、不偏不党性を求めると、そういった趣旨の規定だというふうに認識しております。

いっぽうで、平成18年に教育基本法が改正されて、その中で、条文が少し追加をされて、その教育において『法律の定めるところにより行われるべき』ということが新たに規定をされた内容だと承知しております。結果その条文で国会において制定される法律の定めるところにより行われる教育が、不当な支配に服するものではないということは明確になったというふうに思っておりまして、教科書の検定基準といった法令に基づいて、教科書の検定をさせていただくということが、教育の基本法の理念に基づいた教科書が子どもたちの手に届くようにすることの一翼を担っているんじゃなかろうかと思ってございます」

つまり、法律に則ってさえいれば、不当な支配にはならない、と微妙に論点をずらしながら、そう明確に回答したのでした。戦前の反省を踏まえ、本来教育のあるべき姿は、政治からの独立という民主的社会の普遍的価値観に従って、戦後に教育委員会制度が設けられました。ところが、そこから権力側が都合よく教育基本法や教育行政の関連法などを変えていったわけです。これら歴史的経緯をすべてスルーして、安倍政権が主張してきた通りに回答する官僚の姿に、私はショックを受けます。学会では解釈が割れているのではないでしょうか。教育において侵してはいけない普遍的な価値が、時の政府によって歪められ、多数決によって決まる法律で教育行政や教育の中身が歪められる恐れはないのでしょうか？

その答えは、過去も現在もそして未来も、「ある」でしょう。全体主義国家であっても法律の定めるところにより教育を行ってきたはずです。子どもたちを戦地へ送り出し、自己犠牲を強いた戦前の日本の学校教育だって法律に従ってのことです。「政府の代理人」となった国民学校は「鬼畜米英」という言葉を、現在の「みんな仲良く」と同じようにスローガンとして教室に掲げました。先生たちの多くは国家つまりお上を見ていたのです。でもその姿は、当時の決まりごとや法律に従って働く真面目な先生だったでしょう。

最高裁判所の判例は、不当な支配を行う主体として、党派勢力・宗教勢力・労働組合・その他の団体や個人だけでなく、公的機関もそれになり得ると示しています。教育本来の目的を歪めるような行為は、いずれも不当な支配になり得ると言えるのです。

教育基本法の改正から15年が経過し、政治家が述べた通りに官僚も明確に追随する事態に違和感と危機感を覚えます。以前、東大阪市で講演した文科省元事務次官の前川喜平さんの言葉を思い起こしました。「戦後の教育基本法という家は、火事ですっかり燃えてしまったが、『不当な支配に服することなく』という文言は、かろうじて燃え残っている柱です」。その柱ももはや崩れ落ちゆく寸前なのだと痛感させられました。

テレビ版『教育と愛国』で、歴史教育は「ちゃんとした日本人を作ること」「左翼は反日と言っていい」と語った東大名誉教授の伊藤隆氏は、いまも育鵬社教科書の代表執筆者です。今回、4年ぶりに再び伊藤氏にインタビューすることができました。新型コロナウイルスの感染拡大を理由に一度は断られました。しかし、少し落ち着いたころを見計らって再度、自宅へ電話を入れてお願いすると快諾だったのです。前回と同じようにホテルの一室に伊藤氏を迎え、1時間近くカメラが回りました。映画版でも伊藤氏の存在感は際立っています。御年89歳、衰えは感じられません。

インタビューの中で、私が「日中の対立がことさらに煽られていないでしょうか?」と尋ねると、伊藤氏は「対立してるんじゃない。向こうが攻撃してきているんですよ!」と強い口調で反論します。尖閣《せんかく》諸島のことを指して、領土と領海を侵しているのは中国の側なんだと言い、「日本が中国の属国になっていいのか――」、そんな逆質問も投げかけられました。中国の脅威に対抗するため憲法改正が急務だと述べる伊藤氏、権威的存在として魅力を感じる人もいるでしょう。

いっぽう、話を傾聴しながら、近現代史を深く知る伊藤氏だからこそ、日清戦争から始まる東アジア諸国の歴史の流れをなぞって、隣国と情勢が不安定化している現在を「戦時」に近い心境で捉えているのではないかと思うに至ります。自分たちがやったことは他国もやりかねないと考えるでしょう。戦前の日本は、欧米列強との覇権争いに負けてはならぬと軍事国家へ走り、アジア諸国の人びとを不幸にしました。歴史上の戦争は加害行為ではなく、被害意識から生まれると言われます。時に国同士の争いへと人びとを駆り立てる愛国心とは何なのか。ずっと問い続けなければいけないテーマが映画における問いのひとつです。

中立よりも事実の積み上げを

編集作業を連日続けて気持ちが異常に張りつめていたある夜、疲れ切った目に飛び込んできた新聞記事に思いがけず大粒の涙が溢れてきました。翻訳家の森下圭子さんを紹介するコラムで、森下さんが暮らすフィンランドの社会と教育が取り上げられていました。そこに私たちもよく知る絵本「ムーミン」の世界の根本は「私が私に誠実であること」「他者を尊重する」ことだと記されていたのです。

なんていうことのない、ありふれた言葉です。ですが、このふたつの言葉に涙が止まらなくなったのです。私はただ、教育と政治の在りようを追いかけ、多くの人に現実を知ってもらいたいともがいているけれど、この手からこぼれ落ちているもののほうが多くて到達点にたどり着けていないじゃないか。さらに政治圧力によって攻撃された社会科教諭の平井美津子さんをはじめ、リスクを承知で協力してくれている多くの人たちや子どもたちの顔が浮かんで心がかき乱れる、そんな涙だったかもしれません。とにかく沈殿して絡み合っていた感情が一気に溢れ出ました。

大阪を拠点として公教育について考え続けてきた自分にとって、教育に対する政治介入とは、先生や子どもたちそれぞれが「自分に誠実であり、他者を尊重する」という基本姿勢を実現しにくくする社会への歩みだと、この時はっきり感じとったのです。

もうひとつ確信があります。人が幸せに生きる上でもっとも大事な自己と他者に対するこれらの価値が、グローバル経済における「競争主義」や「生産性」、政治家が言うところの「国益」に資するために学校や社会から少しずつ消されようとしているのではないか。本来の自由が失われ、競争する自由が押し付けられて、政治圧力が充満し、ヘイトやデマまで生んでいるのではないか。そう考えるとこの社会は、不寛容で歪んだかたちへ向かっている気がするのです。この映画は、教科書に関わる問題と歴史教育をめぐるさまざまな出来事を通じて、バラバラに見えることを体系的に1本の糸でつないで、教科書の在りようと教育の行方をテレビ版以上に照射しているはずです。

完成前の作品を教科書運動にも関わるひとりの学者に見てもらいました。「これは学校の職員室で話題にできない映画なのではないか」と言われてギクッとします。この映画を反日的だと捉える方もいるかもしれません。政治的に攻撃されている事象を描く時、その政治性から逃れることはできません。一部の政治家や校長が「見るべきでない」と批判したら、それはむしろ歓迎するところです。見せたくないことがそこにあると思えるからです。

映画には、子どもより政治家のほうが多く登場します。ですが、その向こうに私が見つめるのは、未来の子どもたちです。それは国の違いや肌の色や性別、障がいがあるかないかや、家庭環境などによって左右されずに平和を享受して生きることのできる子どもたちです。

取材者である私は、人びとの間を行ったり来たりするけれど、決して中立的な立場を堅持しているのではありません。社会の流れの中で丹念に事実を積み上げたいだけのことです。自分に誠実に公正に、壁を突破しつつ制作していることは胸を張って言えます。それは、教育の自由とは何か、学問の自由とは何か、一刻も早く多くの人に真剣に考えてもらわなければ、やがて手遅れになる、そんな焦燥感を抱えているからなのです。

おわりに——ドキュメンタリスト、組織の中での闘い

ヒマネタ記者だった私

男女雇用機会均等法の1期生として入社した私の、いかにも報道記者らしい経験と言えば、1990年から91年にかけて大阪府警記者クラブに在籍し、昔ながらの「切った張った」の事件や事故を追いかけていたことでしょうか。

MBSでは初めての女性の府警1課（凶悪事件）担当になったこともあり、他社に抜かれないよう、「特オチ」（自社だけ報道に遅れをとること）は決してしない、と夜回り朝駆けに専念しました。「特ダネないんか！」とキャップからは常に「圧」がかかり、情報源となる警察官からリアルなセクシャルハラスメントを受けても嫌だと言える雰囲気ではなく、ぐっと我慢の連続です。女性記者へのセクハラが社会問題化する昨今、当時の口をつぐんでいた自分を深く反省しています。

府警担当時代を振り返って収穫だったと思うのは、現場に駆け付けた後、どのように目撃証

言を取ってゆけばよいのか、発生した事件・事故の背景は何なのか、その検証をどうしたらよいのか。つまり多角的取材のアプローチの基礎を学べたことです。「ウラをとる」という事実関係の真偽を確認する大切さを身に染みて覚えたことが大きな収穫と言えます。基礎トレーニングに徹した1年余りと言えるでしょう。いやあ、懐かしく思い出します。

が、記者同士の過剰な競争に身を置く緊張の日々と、目の前の情報を奪い合う現場には最後までなじめませんでした。

当時の花形記者は、わかりやすく言えば、現場にある情報を独占する、被害者遺族を独り占めする、関係者からの提供写真を自分の所有物のごとく扱う、他社に情報が流れないよう工作する、そんなゲームのような「勝負に勝つ」辣腕記者がひとつのモデルでした。

この独占して勝ち誇るというマッチョな姿勢が、とても嫌だったのです。嫌というより、日本のメディアの負の側面であると言えそうです。お互い切磋琢磨《せっさたくま》するのは否定しませんが、メディア企業同士の、あるいは記者同士の連帯を阻む要因となり、メディアへの政治介入を跳ね返せないことのひとつの土壌となっていると思います。大きな権力や不条理に対し、記者同士が協力したり、手を結んだりできないのです。どこを向いて仕事しているのか、と疑問に思うようにもなります。

特ダネは極端には求めない（隠される不正の追及は使命ですが）、街ネタやヒマネタから社会を映し出す、地域に生きる人たちを重んじる記者が私の理想です。独自のテーマを探し、「暮らし」を守る役割を、と考えています。「教育」をテーマにした特集企画を多く手がけたのは、地域を守り、未来の社会を育む主役が子どもたちだからです。

ある時、気づくと、外から受ける原稿が、鳴門金時《なるときんとき》の探り掘りや和歌山の蔵出しみかんの出荷、天橋立《あまのはしだて》の松のこも巻きやこも外し、白浜のパンダの誕生日やカバの歯磨きなど、ヒマネタばかりになっていました。小さな息子ふたりの子育てに追われ、仕事に全力を注げなかった時期です。

ですが、ヒマネタを生き生きと伝えるのは、実に難しいこと。カメラマンが撮ってきた映像をしっかりプレビューし、テンポよく編集し、その映像を生かすよう原稿を丁寧に書く。こうしたさりげない話題をひと手間もふた手間もかけて届ける作業の繰り返しも、記者の基本動作と同じように、映像ディレクターの基本と言えます。自分はヒマネタの女王になる、季節モノで書いたことのない原稿はないぞ、と内心は自慢にすら思うようになりました。

1分のニュース映像の中にもドラマとストーリーが存在します。印象に残る、伝わる映像のカットをどこに配置し、そのカットまでのコメントをどう書いてゆくのか。数秒の間や一行の言葉の響きで、映像をより生き生きとさせることができるのです。

強い映像や激しい言葉を連続してつないでゆけば、よりインパクトが増して伝わるというものでは決してありません。ひとつひとつの小さなこだわりが、大きな流れを作り上げます。映像をよく観察し、素直に「見る」「感じる」、そうして組み立てた映像全体を通し、世の中を可視化することが大事なのだと思うのです。煽ったりせず、冷静に伝わるように。

大事なものを守りたい

本書で紹介した一連のドキュメンタリー番組、とりわけ『バッシング』に対し、よく攻めている、と評してくださる人がいます。挑戦的という意味でそう感じてくださるのは嬉しく思います。しかし、私はあくまで大事なものを守ろうという気持ちでしかありません。サッカーで言えば、ディフェンダーの選手です。危機の時代を迎え、政治が越えてはいけない一線をどんどん越えてくる。人びとが歴史の歩みとともに築いてきた砦が次々壊され、取り返せないほどに社会が変質してゆくのではないか。

例を挙げれば、教育の自由も学問の自由も根本が崩されかけています。新聞・テレビの既存メディアも敢然と対抗するどころか凋落《ちょうらく》の流れです。本当はもう試合は終わりが近く、間に合わないのだろうか。実のところ、時機を逸して現場に立っているのではないかと意気消沈する場面もあります。

この10年間を振り返ると、教員や学者、記者たちがしだいに力を弱められ、その存在意義すら殺されかけているのではないか。不当な政治介入が日常茶飯事に発生し、いまや慣れ切って防げていないのではないか。コンスタントに、地道に、マイペースに、番組制作に邁進する他ないと考える私も、打ちひしがれる局面が増えていました。

もっとも身近で衝撃的な変化に、新型コロナウイルスの感染拡大に揺れるMBS社内で直面します。2021年春の番組改編にともない、報道局が「報道情報局」に改組され、報道の看板番組であった夕方の『News ミント!』が打ち切られて消えたのです。社命によって制作局の一部勢力に飲み込まれたと感じた報道局員も多くいたと思います。午後帯に視聴者を楽しませる情報番組が必要とされることは何ら否定しません。しかしながら、ジャーナリズムを掲げ独立した存在である報道と視聴率第一のエンターテインメントの情報とは、伝える姿勢がまったく違うのです。両者はテレビの両輪です。私はそう学んで、いまに至ります。

本書に記したすべてはMBSの報道DNAとして培われたものです。時代や流行に流されるのではなく、ひとりの人間として、「個人」の記者として社会に向き合う。報道人という職業倫理に忠実であろうとし、時には利益追求という会社の論理ではなく倫理を優先させる。

そんな大切にしてきた精神を守るにはどうすればよいのか――。そう自然に思えたのも、報道の現場でこれまでさまざまな人びとに出会い、その声を聴いてきたからです。

視聴率を稼げる芸人さんやタレントさんなどを配置して伝える情報番組の中の「報道枠」と

いう、新たなスタイルに大きな違和感がぬぐえません。報道局という名称そのものが消えた事態に対し、報道出身の幹部たちはどんな思いでいるのでしょうか。

管理職でもなく、幹部会議にも出席していない私にはわかりませんが、肌で感じるのは第一線に立つ記者や報道カメラマンたちが衝撃を受けたということです。

私自身が所属するドキュメンタリー報道部もなくなりました。さまざまな番組に関わる編集部の一員になり、ひとまず『映像』シリーズの制作担当はそのままです。このまま黙っていていいのだろうか。

新報道情報局の情報番組の内容を1か月ほど静観した後、私は思い余って局内一斉メールで私見を流しました。なんと大胆なことをと自分でも思います。本書を執筆している最中の4月25日、ハレーションが起きることを想定の上で、次のようなメッセージを配信しました。

記者・ディレクターの皆さんへ

報道ドキュメンタリーを担当する斉加尚代です。入社3年目から報道局に配属され、32年が過ぎました。ひとりの報道人として、心の声をお届けします。

戦後、誕生した民間放送は報道機関としてスタートしました。商業放送とネーミングしなかったのはそれが理由です。「ニュースを集める」ことが「民放の使命」だと語り継がれてきました。いまも原則、その姿勢に変わりはありません。「民放連」の放送基準の前文（後出）にも「民主主義の精神にしたがい」「社会の信頼にこたえる」と謳《うた》われています。強調しておきたいことは、理念なきものは、報道とは言いません。エンターテインメントも放送を支える柱であり、情報番組も必要です。ただ、情報の「中継点」になるだけのニュース、中でも政治家の言葉を流しっぱなしにするのは、報道とは言えません。あえて大胆に言いますが、情報番組のお手伝いに甘んじるのも、記者の仕事とは言えないと思います。

記者は常に、政治や社会に向き合う姿勢が問われます。事件や事故を追うのも、そのためです。「よりよい社会をつくる」「差別や偏見のない、人間の尊厳を尊ぶ社会を目指す」。何を青臭いことを、と冷笑する人もいるでしょう。ですが、理想を掲げない学校は、学校と言えないように、ひたすら数字を追う姿勢の〝情報〟は、報道ではありません。数字の向こうに見る世論を無視はできませんが、世論に迎合することも報道ではありません。なぜ、これがニュースなのか、その意味を真摯に問うことこそが報道の仕事だと思います。流されるだけでは、現状を是認するのと同義です。当事者であるのに、傍観者であろうとする人が増えていないでしょうか。テレビでは、わかりやすく、明るく、物事を伝え、共感することが大事、とよく言われますが、共苦することも大事です。コロナ禍に直面するいま、人びとともに「共感共苦」して、社会や政治を検証することが、報道の大きな役割です。それは、すべてのメディアに求められていることです。

いまはやりのトップダウンは、記者という職種には向きません。もし、上からの指示に従うのが記者やデスクの必須だというなら、報道マインドはやがて消えてゆくでしょう。「バラバラであっても一丸となる」、それがMBSの報道職場の伝統です。そして記者は、生き方のひとつ、です。ただ、会社員という姿ではなく、「個」として物事に対峙できるかどうか、良心に基づく「個」の視点を持っているかどうか、それは生き方そのものです。現場に立つ記者・ディレクターの皆さんの奮闘に期待します。真理は現場にこそあります。いま社会全体が、世界中がまさしく民主主義の危機です。報道の役割がいっそう求められる激動の時代です。テレビ報道がどのような役割を果たしうるかによって、未来に待ち受ける、社会は変わる、私はそう信じています。

「民間放送は、公共の福祉、文化の向上、産業と経済の繁栄に役立ち、平和な社会の実現に寄与することを使命とする。われわれは、この自覚に基づき、民主主義の精神にしたがい、基本的人権と世論を尊び、言論および表現の自由をまもり、法と秩序を尊重して社会の信頼にこたえる」（日本民間放送連盟　放送基準の前文より引用）

ドキュメンタリーの可能性

世界中でいま、民主主義の砦に巨石を投げつけてくる政治家が跋扈《ばっこ》しています。おそらく日本にもいるでしょう。デマやフェイク、歴史改竄《かいざん》や権威主義を振りかざし、沈黙せよと囁《ささや》く種を蒔《ま》き続けています。私にはそうとしか見えない現在進行形の危機が、人びとの意識に共有されているとは言いがたく、歯がゆくてなりません。

巨石を投げる政治家を退場させる仕事は主権者にしかできません。米国は、トランプ現象はあったけれど、そういう意味で主権者は修復する力を持つことを示しました。民主主義とは、気に入らなければ政権をひっくり返す力を私たちが握っていると自覚することです。

戦前と戦後を生きた先輩たちは、その力を放棄し隷属する人が増えているのではと心配しています。沖縄で出会った人たちの多くも、米軍基地を強要される不平等が解消されない理由は、本土の無関心と米国への盲従にあると見抜いています。この国のかたちを見ているようで、実際には見ていない。現実から目を背ける社会。なぜそうなっているのでしょうか。

教育とメディアが政治圧力によって挟撃され続けていることも一因でしょう。社会がきちんと可視化されていないのに加え、「よく考える」「批判的に見る」といった教育とメディアの役割が後退していることとも関係していると言えそうです。

教育もメディアも、権力と一体化し、政府の代弁者になったとたん、よりよい社会を築く道を閉ざす恐れすらあります。

テレビドキュメンタリーをあらためて価値付けるとしたら、それはやはり時の政治権力や大企業におもねらず、身近に生きる人びとのために世に問い、異議申し立てするものだということ。私が捉えるドキュメンタリーは、空高く自由に羽ばたいて時代を映し出す、そんな輪郭をもつ表現の世界です。

ドキュメンタリーは制作者の視点や個性で成立します。けれど、何かひとつだけの答えを用意し、そこへ導くものではありません。短歌にもよく似て、解釈は作品を受け取ってくださる側に委ねられるものです。私が思い描くドキュメンタリーは、どんな時代にあっても決して一色には染まらず、視聴者を信頼し、問いへの答えを託すものです。作品を通し、無関心であった社会の問題に思いを寄せる行動を起こしてくだされば、守るべき砦はきっと堅固になってゆくでしょう。

「記者が殺される」ことは、現場に立つ記者だけでなく、その背後にいる人びとをも「標的」にする、政治の暴走を容認する未来を引き寄せる気がしてなりません。２０２１年のノーベル平和賞がフィリピンとロシアのふたりの記者に授与されたのも、強権政治が「報道の自由」を破壊する危機への警鐘だと思います。

放送の歴史は、1923年の関東大震災の翌々年、朝鮮人虐殺を招いた流言飛語を防ぐことが大きく期待され、ラジオから始まります。間もなく100年を迎えます。テレビはまだ70年の歩みです。

世界中がコロナ禍に襲われる稀有な時代を見つめ、テレビジャーナリズムの激流を肌で感じ、社会の課題を一緒に考えてくださる人たちとつながることこそ、この危機に立ち向かう道だと思っています。

『バッシング』の制作で運よく、満身創痍に至らなかった私は、今日もかけがえのない小さな出会いと問いを求め、砦のひとつでありたいと願います。

ドキュメンタリーの可能性とともに、これからも私は歩んでいきます。

あとがき

2022年1月、MBSに激震が走りました。元日に放送したバラエティー番組で橋下徹元大阪市長、松井一郎大阪市長、吉村洋文大阪府知事の3人が肩を並べ、約45分のトークを繰り広げたその内容が「政治的中立性を欠いた」と報じられたのです。

社内が浮足立ったこの騒動が、映画『教育と愛国』の完成を目指し山場を迎えた時期と重なります。虫明《むしあき》洋一社長は番組に関し「社内で調査する」と表明。その間、「表現の自由だ」とのズレた論評も耳にして怒りで震える思いでした。

3月11日に公表されたその検証まとめは「番組内容の多角的な精査や組織的な検討が圧倒的に不足していたことは、組織の課題として率直に反省する」と明記。いっぽう、放送に至った経緯を述べる幹部の発言は責任をなすり合うようでした。制作スポーツ局長は「報道が関与しているなら内容的にも理解してもらっている」、報道情報局長は「制作・編成が視聴率を狙いにいった番組で（略）収録したものを放送しないのは難しいと感じていた」。社として放送倫理を堅持したものの、今回の出来事はテレビジャーナリズムの衰退が表出したものと私には思えたのです。

放送局が報道機関として職責を全うするという素朴な仕事が過酷になっている現実に対し、内なる闘いが映画制作でも続いてきた気がします。一緒に走ってきたプロデューサーの澤田隆三がポツリと「孤独やな」と眼前でこぼした時に私は「そうか、孤軍奮闘を経て報道ドキュメンタリーが劇場公開されるのだ」と痛切に感じたのでした。

長引くコロナ禍で、最前線に立つ良心ある記者たちの仕事はきっと過酷を極めているでしょう。ネット社会には不当な政治圧力に加勢する匿名発信者が無数に存在します。『バッシング』を制作するにあたり、取り上げようか検討したツイッターアカウントのひとつが「Dappi」です。政府に批判的なメディアや野党議員、学者を叩くことに熱心だったこのアカウントは一般人のように振る舞っていましたが、発信元は民間企業で、自民党に関連する団体から資金が流れていたことが昨年わかりました。

トランプ前大統領がツイッターを駆使し、煽られた人びとが連邦議会議事堂を襲撃する事態に衝撃を受けて以降、ミャンマーでは軍事政権が民衆の命を奪い、ウクライナでは無辜《むこ》の民がロシア軍の侵略の犠牲になり続けています。わずか1年余りにおける世界情勢の激変に戦慄するほかありません。詭弁や虚言を弄する政治の先に待つものは何なのか——。

最後に、本書の執筆を続けられたのは、ノンフィクション作家の木村元彦《ゆきひこ》さんの支えがあったからです。拙作ドキュメンタリーを本にする企画をご提案くださるとともに惜しみなくご助言くださり、世界に共通する歴史と戦争への視座を意識し踏ん張る力を得ることができました。深く感謝いたします。集英社新書編集部の藁谷浩一さんにも大変お世話になりました。ありがとうございます。そして、『映像』シリーズと映画にご協力くださったすべての方々と読者に向けて御礼《おれい》を述べさせてください。

ありったけの心を込めて。小さな希望を胸に。

2022年3月11日

斉加尚代

巻末付録　『映像'18　バッシング〜その発信源の背後に何が』台本

本編

□雑踏、顔が見えない人びと。フリップ「民主主義の敵」が浮かび上がる。道行く人にディレクターが聞く

道行く人びと「(民主主義の敵というテーマでいろんな人に聞いているのですけど……)敵？　むっちゃ難しいテーマやな」「急に振られたらわからへん」「民主主義の敵？」「じゃ、あれじゃないですか。投票に行かない人たち」「権力者とかですかね」「独裁者」「民主主義がよくわかんない」「民主主義ってわからんねんけど。すみません、民主主義がわかんないです」

□国会・衆議院法務委員会の入管法改正の強行採決（２０１８年11月27日）

強行採決ノイズ「賛成の諸君の起立を求めます！」

Q（ナレーション）**民主主義の土台がいま、ぐらついている。議論を重ね、物事を決定してゆくプロセスこそが重要であるはずの民主主義。**

□パソコンのイメージと「反日」などネット上の激しい言葉

Qしかし、対話どころか、決めつけや極論が飛び交う空間でバッシングが燃えさかる。相手は敵か、それとも味方か。ことばの応酬は、過激に、攻撃的になってゆく。劣化する言葉の数々。

□バッシングされる学者の声

上西教授「絡んでくるような人が使うような言葉じゃないですか。噴飯ものだよ、これで法政の教員かよみたいな、私のところに来るのってそういう感じのものなんですよね」

牟田教授「匿名で誹謗の電話だとかメールだとかが行っているようなんですけれども」「私がそのターゲットにされてて言うのもなんですけども、ああ、この人たちは気持ちいいんだろうなって、なんかその発言の端々を見て思いますね」

□月刊誌の朝日バッシング

Q活字離れが深刻化する中、保守論壇が存在感を増し、リベラルな論調を叩く空気が強まっている。

花田紀凱編集長「『月刊Hanada』とか『正論』とか、読む人たちにとっては引きはあるでしょうね。（朝日新聞批判？）はい。朝日新聞みんな嫌いですから（笑）」

□懲戒請求の束を運んでくる佐々木亮弁護士。雑踏へ

Q去年から全国の弁護士会に殺到した大量の書類。特定の弁護士を辞めさせようと、顔の見えない人びとが、次々と懲戒請求に加わった。人びとをひとつの行動へと駆り立てる発信者。憎悪にも似たその行為に加担し、バッシングの波を送る背後に一体何があるのだろうか？　次なる標的はあいつだ！　そんなシグナルを放つ、様々な発信源の正体を探ってみた。

タイトル「バッシング〜その発信源の背後に何が」

□大阪大学の看板。研究室でパソコンに向かう牟田和恵教授

Q性暴力やセクシャルハラスメント被害の研究に取り組んでいる、大阪大学の牟田和恵教授。牟田教授はこの春、予想もしなかった、あるバッシングに見舞われた。昨年度、「ジェンダー平等社会の実現」についての論文を作成した。海外の学者らと交流し、6人で共同研究したものだったが「性と暴力の問題」を論じたその中で、「慰安婦問題」も研究対象にしていた。

牟田教授「反日研究であるとか、そういった誹謗中傷的なツイートが非常に相次いで、おかしいなと。大阪大学がなぜあんな女を教授にしているのか、とかね。やっぱり女性でリベラルな社会的発言をするのが気に入らない、生意気だという、そういう情念がネット上には渦巻いているのかな」

□文部科学省

Q牟田教授にバッシングの矛先が向いたのは、その研究テーマに科学技術研究費助成事業、いわゆる科研費が使われていたからだった。科研費とは国が委託した複数の専門家が審査し一定の基準を通過した研究に対して支給されるもので、学問への公的な支援と言えるものだ。「公費助成」である「科研費」、つまり税金が牟田教授の慰安婦問題などの研究に使われたことがけしからんとひとりの国会議員が問題視したことが、バッシングの呼び水となった。

□国会　衆院予算委員会分科会（2018年2月26日）

杉田議員「科学技術研究費助成事業について質問をさしていただきたいと思います」

Qその国会議員とは自民党の杉田水脈衆議院議員だ。今年2月、衆議院予算委員会分科会で、「科研費」の使われ方に問題がある、と発言した。

杉田議員「いま、慰安婦問題の次に徴用工の問題というのは非常に反日のプロパガンダとして世界に情報がばらまかれておりまして」「そこのところに日本の科研費で研究が行われている研究の人たちが、その韓国の人たちと手を組んでやっている」

□杉田議員のツイッターと科研費コメント

Q税金が投じられている科研費を監視しよう、杉田議員は、ツイッターで呼びかけた。

○3月18日　杉田議員　ツイッター
別アナ「科研費については誰でもココで調べることができます」「『慰安婦』とか『徴用工』とか『フェミニズム』とか入れて検索もできます。ぜひ、やってみてください！」

□CatNA まとめサイト

Qこの杉田議員の呼びかけに呼応したのがツイッターで「CatNewsAgency」と名乗る人物だった。４万人以上がフォローする「CatNewsAgency」は牟田教授のほか、科研費を受けとっている学者のなかで政権に批判的な政治学者らをターゲットにして非難や中傷を始めた。

□ネット番組を見る牟田教授

Q「牟田バッシング」が広がるなか保守系の言論人が主催するインターネット番組『言論テレビ』の中で、牟田教授が槍玉にあげられた。

杉田議員&櫻井よしこ氏やりとり　3月6日『言論テレビ』
櫻井氏「こっちにも、ありますね、反日学者の科研費」
杉田議員「この方は牟田和恵さんという大阪大学のジェンダーのフェミニズムの教授の方なんですけど、この方がですね、ジェンダー平等社会の実現に資する研究と運動の架橋とネットワーキングということで、１７５５万円。これもさっきの額と比べれば、小さいかもしれないけれど、大きい額ですよ」「慰安婦問題が解決しないのは日本国内の右翼の言論家とか政治家のせいだっていう論文を書いてるんですよ」「もしかしたら本文の中にも櫻井よしこ先生のお名前も入っているかもしれませんね（笑）」

□杉田議員のツイッターのイラストと顔写真

Q杉田議員は、牟田教授への批判を繰り返していく。ツイッターに、「『慰安婦は強姦《ごうかん》された』というのは捏造です」と書き込み、さらに牟田さんの研究自体を強く非難した。

□4月11日。杉田議員のツイッター文面

Q学問の自由は尊重します。が、ねつ造はダメです。慰安婦問題は女性の人権問題ではありません。もちろん #MeToo ではありません。我々の税金を反日活動に使われることに納得いかない。

□牟田教授インタビュー

牟田教授「研究そのものをねつ造と」「本当に驚きました。研究者にとって自分の研究がねつ造であると言われるのはその研究者生命に関わる非常に重大な誹謗中傷で、自分の発言に対する社会的責任というものを公人としてどう考えているんだろうかと」

□杉田議員と取材する記者たち

Q杉田議員は過去に「左翼団体が日本には存在しない女性差別をねつ造」「反日日本人の売国行為の闇は深い」などの主張をしばしば雑誌で発表してきた。特定の学者批判を続ける杉田議員に取材を申し込んだ。すると、「科研費に詳しくないのでインタビューは受けられない」というコメントが返ってきた。

□牟田教授インタビュー

牟田教授「科研費の使用に対して国会議員が、政治が、内容に干渉してくるということですね。それは、ほんとうにあってはならない、まさに戦前回帰になってしまうことだと思います。政権与党が気に入る方向でしか研究できないと、研究費が支給されないというようなことになると、日本の社会科学、人文科学はいったいどうなってしまうのかと」

□上西充子教授が大阪駅前で活動準備

Q学問に対するバッシングは広がりを見せ、いまの政権に批判的な学者に対しても行われている。攻撃に晒されているのは法政大学キャリアデザイン学部教授の上西充子さん。自身へのバッシングをきっかけに、国会審議の映像を街頭で上映し、見てもらう、そんな取り組みを始め

た。

国会ＰＶの音声

□法政大学の廊下から研究室へ

Ｑかつて厚生労働省が所管する調査研究機関に在籍していた、労働学が専門の上西さん。戦後最大の労働法制の見直しと謳われた「働き方改革法案」に早くから注目していた。標的にされることになる契機は、その法案に盛り込まれていた「裁量労働制」を巡る、この発言だった。

□国会で答弁する安倍首相（２０１８年1月29日）

安倍首相「厚生労働省の調査によればですね、裁量労働制で働く方の労働時間の長さは平均的な方で比べればですね、一般労働者よりも短いというデータもある」

Ｑ上西教授は、この発言に耳を疑った。

□上西教授インタビュー

上西教授「国会審議、最初からインターネット中継で見ていたんです。その中で、えっ？ 何？ こんな調査あるの？ と思ったのが1月29日の安倍首相の『厚生労働省の調査によれば』って。厚生労働省の調査って何？ 聞いたことないんだけどどって」

□野党議員と厚労省のヒアリングに参加する上西教授（2018年2月）

Q裁量労働のほうが労働時間は短いというデータがあるなど上西さんはあり得ないと確信した。このため、野党議員が厚労省からヒアリングする場面に呼ばれることになり、その証言から、安倍首相が引用したデータは誤っていることが国会でしだいに明らかになっていく。

□上西教授インタビュー

上西教授「すごく素朴に、こんなの調査結果とか言ってはだめでしょ、とアカデミックな指摘をしたわけです、最初ね。だけれど、アカデミックな指摘をしたことによって深い闇が見えてきちゃって。その深い闇に私が言及すればするほど、問題は根深いことが見えてきて、そうすると、要は働き方改革という策略全体に対して私が先頭に立って旗をとって違うぞって言っているような、調査が違うぞだけではなくて、これって加藤大臣とか安倍首相とかと正面切って対峙していることになるんだなあと思って……大丈夫かなと思いましたね」

□官邸を歩く安倍首相。上西教授

Q裁量労働に関する厚労省のデータは事実上の「ねつ造」と上西教授が指摘したことがきっかけとなり、安倍政権は法案から裁量労働制の改正を外すことになった。結果、上西教授は、安

倍政権と対決するようなポジションに立つことになり、まもなく、自民党のある政治家がフェイスブックでかみついてきたのだ。

□橋本岳議員のフェイスブック文面

別アナ「噴飯ものものいいところの理屈です」「『意図した捏造』と指摘するからには、『捏造を指示した連絡』などがそのうちきっと証拠として示されるものと期待しています」

□橋本議員の顔。フェイスブック画面

Q発言の主は、当時、自民党の厚生労働部会長を務めていた橋本岳衆議院議員だ。厚生労働省の政務官の経験もある政権与党の議員が学者である上西教授を名指しし、厳しい言葉を浴びせてきたのだ。

□上西教授インタビュー

上西教授「うわあ、来たなと思ったんです。与党でしょ。与党の厚労部会長でしょ。その人が私を攻撃しにきた。牽制しにきた」「私の見解が広がらないように、あれはダメだよという印象を広げるために書かれたんだと思う」

□橋本議員のフェイスブック文面

Q橋本議員の発信に対して上西教授は抗議の意思を表明。まもなく橋本議員は「噴飯ものの理屈」と厳しく批判した文章を削除した。

□議員会館と橋本議員インタビュー

Q私たちは橋本議員に取材を申し入れた。カメラの前に現れた橋本氏からは、拍子抜けするような答えが返ってきた。

橋本議員「その不適切だということについては、まったく僕も異論もなくて、あれは不適切でしたね。もしかしたら自分もその責任があるかもしれないと思っています。一端はあるでしょう。当時、政務にいたんだから。疑いを持たれたということに対して、感情的になってしまったということがあったわけです。ただ感情的になってモノを書くとですね、筆がすべるということになりまして、結果として思い込みで書いたものについては削除すると、お詫びをして削除するということをしたわけです。なので、感情的に筆を走らせてはいかんというのが、私のあれなわけです。落ち着いて書こうねって」

□長野・松本市での国会PVで語る上西教授

上西教授「ぜひ音だけではなく映像を見ていただきたくて。ニュースになると非常にこう圧縮をされて、野党がこう言ってるのに、全くすれ違った答弁をしていても、そのすれ違いがわからないまま、なんか立派な答弁をしているように聞こえちゃうんですね」

Q国会の様子を街頭上映する、パブリックビューイングの取り組みを続ける上西教授。顔の見えないインターネット空間のやりとりは、ときに真意や事実が正確に伝わらない。けれど、お互いに対話を重ねてゆけば伝わるのではないか、上西教授は、そう考えている。

上西教授「ネットだと私の書いたことのちょっとした言葉遣いでこう反応してきたりとか書かれたりとかするけれども、街頭のほうがむしろ叩かれない。国会ってもっとこんなふうになったほうがいいのになとか、なんで政府はきちんとした答弁をしないのかなと見る人がじっくりじわじわ考えてくれる。そのための漢方薬」

□松本の国会PVの様子

安倍首相の音声「多様で柔軟な働き方の選択肢として整備するものであります」

□空撮〜夕日から大阪の街

Q研究者へのバッシングが広がりを見せている。いっぽうで、既存のメディアに対する攻撃も強まっている。

□『月刊 Hanada』の紹介

Qそうした中、保守系と言われる論壇誌がいま、一定の支持を集めている。新しく2年前に保守系雑誌として登場した『月刊 Hanada』。毎月6万部は売れているという。花田紀凱編集長は、元『週刊文春』の編集長として名をはせた。現在の『月刊 Hanada』は、安倍政権支持を表明し、政権に厳しい論陣を張るメディアには、「反日」という表現も使って批判する。

□花田編集長インタビュー

花田編集長「『月刊 Hanada』はね、安倍ベッタリだと、安倍さんのいいことしか書かないと言うんですけれど、悪いことは新聞、朝日をはじめとする新聞が山と書いているわけ。そうすると、たとえば『月刊 Hanada』のような雑誌がなければ、安倍さんのいい点というのは知る術がないわけじゃない」

□朝日新聞批判の見出し

Q朝日新聞への批判をふんだんに書く、と言う。その論調を見ると、「反日」メディアの代表格として扱う姿勢が際立っている。なぜ、朝日なのか。花田編集長はそのこだわりを、こう話す。

□花田編集長インタビュー

花田編集長「朝日とつけたほうが、同じ新聞批判でも読者に対するアピール度は強いでしょうね。ぼくも何十年と批判してきてですね、あまり変わらないから、最近でこそ部数が落ちてきたからね、あれですけど、うんざりするところもあるんですけれど、まだまだ朝日に対する信頼感とか読者のね、高いからね。朝日を新聞代表として批判していくことは必要だと思いますね」

□杉田議員が記者に囲まれ歩く

記者「ＬＧＢＴの方とかに何かありませんか、どういう思いでおっしゃったんでしょうか」

Q 12月号でも激しく「朝日新聞批判」を展開した。それは、杉田水脈衆議院議員の文章を巡って起きた問題だった。

□『新潮45』の紹介

Q 杉田議員は、新潮社が発行する『新潮45』8月号で、セクシャルマイノリティ＝ＬＧＢＴについて取り上げ、「子供を作らない。つまり『生産性』がないのです」と書いた。

□新潮社前の抗議デモ

Q政治家である杉田氏のこの発言は性的少数者を差別するものとして各方面から厳しく批判されることになった。『新潮45』はその後も杉田氏の主張を擁護する論陣を張ったため、作家などの論壇からも批判があいつぐ事態を招き、新潮社は『新潮45』の休刊を決めたのだった。

□『月刊 Hanada』表紙と「言論の自由を潰した」の見出し

Q新潮社の姿勢が問われた問題のはずだったが、その矛先を朝日新聞にも向けたのが『月刊 Hanada』だった。「朝日と連動して言論の自由を潰した新潮社」という見出しで、民主主義を維持する根っこである言論の自由を、雑誌を潰すことで破壊したと非難した。

□「朝日記者の〝指示〟か」の小見出し

Q『月刊 Hanada』の主張は「杉田論文を最初に問題視した」のは朝日新聞であり、その朝日が新潮社の編集者たちと連動して『新潮45』の廃刊の流れを作った、というものだ。

□デジタル記事の比較

Q当時の新聞記事を調べてみた。朝日が『新潮45』の「杉田論文」の問題をはじめて記事でネット配信したのは7月23日、紙面掲載はその翌日だった。ところが毎日新聞は、それより2日早くこの問題を記事にしていた。最初に問題視したのは、朝日新聞ではなく毎日新聞だった。

□新聞広告と花田編集長インタビュー

Qこのことを花田編集長に聞いてみた。

花田編集長「（毎日新聞が朝日の2日前に指摘はしてるんですが）ああ、そうなんだよね。でも毎日新聞は弱いですよね。部数も圧倒的に少ないし。そうですね。それはおっしゃる通りです。（最初に問題視したのは、朝日ではなくて毎日では？）毎日だと。まあ、そうかもな。毎日じゃ売れないと。やっぱり毎日新聞じゃダメなんだよ。朝日新聞じゃなきゃ」

□新潮社の外観

Q新潮社の広報担当は私たちの取材に、「新潮社社員と朝日記者が連動・連携したというような事実は確認していません」とコメントした。

□佐々木弁護士が書類の束を置く

ノイズ「どん！」

Qバッシングの対象は、法律家である弁護士にも向かっていた。東京弁護士会の佐々木亮弁護士のもとに、去年6月から懲戒処分を求める、見知らぬ人びとからの書面が次々と送られてきた。あっという間に懲戒請求のファイルが積みあがった。

□佐々木弁護士インタビュー
佐々木弁護士「まずどさっと来て、開けたら懲戒請求書だと書いてあったので、誰をしているのかなと？　自分だとは思わないですから。見てみたら自分の名前が書いてあるので、なんで自分が懲戒請求、こんなにたくさん来るんだろうかと」

□懲戒請求の書面とファイル。「懲戒事由」

Q懲戒請求とは、弁護士に職業倫理や品位を失うような行為があったと申し立てることだ。弁護士会は裁判に近い手続きを踏み、弁護士を処分するかどうか検討する。重大な場合は、弁護士資格が剝奪される。佐々木弁護士を懲戒すべきとする理由は、すべて同じだった。朝鮮学校への補助金を支給するべきとする日本弁護士連合会の声明に賛同し、その活動を進めることは、確信的犯罪行為にあたるというものだ。

□佐々木弁護士インタビュー
佐々木弁護士「（朝鮮学校無償化の代理人だったのではないのですか？）まったくやってないです。やってても良かったかもしれないんですけど、私自身の専門は労働の事件なので労働問題を主に取り組んでましたので。民族的な人権の問題については、私はあんまり弁護士の活動としてはやっていなかったので、なんでこれが自分のところにこんなにいっぺんに来たんだろうというふうに思いましたね」

□朝鮮学校の外観と教室

Q国は、北朝鮮の軍事行動などから、朝鮮学校に対し公的補助を打ち切るという方針を決め、自治体には補助金交付を自粛するよう要請していた。その政府の方針に対し日本弁護士連合会が一昨年《おととし》「補助金停止に反対する会長声明」を発表した。そのことへの反発が大量の懲戒請求につながったのだ。

□佐々木弁護士がファイルを手にして語る

Q佐々木弁護士は去年、自らツイッターで、「これらは業務の妨害であり訴訟も辞さない」とメッセージを発したところ、その後さらなる懲戒請求が送られてきた。それは3000件に達した。

佐々木弁護士「最初、200ぐらい来たんです。それだけでも驚きなのに。200でも、人生で1回、2回ぐらいしか、ふつうはされるかされないかぐらいの懲戒請求が最初から200件来て、なんじゃこれはと思った。そこから毎月ごとに100単位で増えていって半年ぐらいかけて1100ぐらいになって、翌年になってまた960件どんと来て、さらにもう一回どんと来た」

□街の風景。請求した人びと

Q懲戒請求を送った人たちに、そのわけを聞いてみた。

女性「なんか弁護士さんが、弁護士会の人、不正かなんか、知らんけど、そういうことしているみたい」「(不正があるという中身は?) 知らない。聞いてなかった」

男性「(なぜ弁護士さんがダメなのか?) やっぱりおかしなことやっている部分があるんちゃいます? (でも法律の専門家なので) 専門家と言っても、いろいろありますよ。弁護士もいろいろ。政治家もそうでしょう。わからへん」

□佐々木弁護士の会見(2018年5月)とお詫びの手紙

佐々木弁護士「きょうの記者会見のテーマは、大量懲戒請求をされたという件に関して」

Q佐々木弁護士は会見を開いて、懲戒請求を申し立てた人びとに対し違法な妨害行為に当たるとして裁判を起こすことを明らかにした。すると、今度はお詫びの手紙が次々と届くようになった。よく似た文面の文章がワープロ打ちで送られてきた。ネット上の匿名ブログを見て、安易な気持ちで申し立てをした。申し訳ない。そんな反省の弁が書かれていた。

□大阪の在日コリアン弁護士、金英哲さん

Q懲戒処分を求める矛先は、在日コリアンの弁護士たちにも広がっていた。昨年度はあわせて13万件。大阪弁護士会の金英哲弁護士もそのひとりだ。

□金弁護士インタビューと手紙

金弁護士「おそらく集団的な心理とかもあるんですかね。集団になると弁護士が相手であっても自分たちが正義なんだと。妨害しようとする人がたくさんいる状況というのは、すごく怖いですね」

Qその後、金弁護士にも、お詫びの手紙が届くようになった。そこには、あるブログの影響を受けたと書かれていた。

□手紙の文章

別アナ「私はブログ『余命三年時事日記』を読んでおりました。3回ほどブログ主からレターパックで届いた書類に住所、氏名、捺印《なついん》をし、ブログ主の元へ送り返しました」「〝行動した後の責任〟というものを今深く考えています」

□佐々木弁護士とファイル

Q「余命三年時事日記」という、少し風変わりな名前のブログを読んで懲戒請求をしたという送り主たち。佐々木弁護士に、訴訟を起こさないでほしいと言ってきたのは20人余り。すべて40代以上の人たちだった。

□佐々木弁護士インタビュー

佐々木弁護士「なんでこういうことをしたの？と聞いたら、やっぱりいまの社会はおかしいと思ったと。余命三年というブログにそう書いてあったと。よくするためには、この請求書が必要なんだと信じて書いて、これを書くことによって、世の中がよくなる。そう思ってたみたいですね」

□太陽が暗闇に隠れるイメージ

Q弁護士の懲戒請求という、一般の人たちには縁遠い行為に駆り立てた、「余命三年時事日記」というブログ。その影響力には驚かされる。

□余命ブログ紹介

Qいったいそれは、どんなものなのだろうか。ブログ「余命三年時事日記」は6年前から始まっていた。最初にアップされたページには、こう書かれていた。「かなりの部分は小生と父母

の実経験による」「ここに、ねつ造や虚偽はない」。がんに侵された男性が、死の間際に書いたとし、その死後、近くにいた別の男性が受けつぎ、執筆を続けているとしている。日本人を称賛し、在日朝鮮人を蔑んで、敵対させるような内容が目立つ。戦後の歴史には隠蔽されてきた実態があり、それがいま次々と明らかになっているのだと言う。そして「マスコミ」「日弁連」は在日の人びとに支配されていると断定する。

□夕暮れの家並~法人登記簿

Qブログの主宰者は「余命爺」と名乗っていた。私たちはその主宰者に話を聞こうと、取材を始めた。しばらくしてブログの主宰者が、小さな会社を立ち上げていることが分かった。その会社の名は「生きがいクラブ」。余命三年ブログは、この「生きがいクラブ」の代表が作成しているようだ。

□団地へ取材に行くディレクターと部屋の扉

Q会社の登記に記された住所を何度か訪ねてみた。だが、いつも不在だった。

□電話をかけるディレクター

Qようやく連絡先がわかり、電話をかけてみた。

ノイズ「プルルルル」

Q「余命三年時事日記」の主宰者は、出てくるだろうか……。

主宰者「（あ、もしもし。こちらのお電話は生きがいクラブの○○さんでしょうか？）そうですよ」

□余命ブログ

Qこの人物は、このあと、耳を疑うような話をした。

□余命ブログ・懲戒請求の振り返り

Q特定の人びとを「敵」とみなし、対立させるようなブログ「余命三年時事日記」。朝鮮学校への補助金停止に反対を表明する弁護士たちを、一斉に懲戒処分するよう、呼びかけたのだろうか……。

□余命ブログ主宰者の証言①

主宰者「（もしもし、こちらのお電話は生きがいクラブの○○さんでしょうか？）そうですよ」

Qその人物は「余命三年時事日記」の主宰者であることをすぐに認めた。ブログ立ち上げのきっかけをこう話した。

主宰者「もう6年ぐらい前かな、一人いろいろやりたいということで、それで立ち上げたものでね。別に、いま朝鮮人がどうのこうのって言っているけど、ふつうのブログでね。何ということのないブログだったのに」

□余命ブログ主宰者の証言②　独自の思想

Q弁護士に対する懲戒請求を呼びかけた理由を、聞いてみた。

主宰者「呼びかけということなんかしていません、別に。事実関係を書いただけで」「在日朝鮮人というものの闘いの方向が、日本乗っ取りという形で進んでいるだけの話で、事実乗っ取られているのは間違いがないので」「（間違いなく乗っ取られているんですか？）そりゃ乗っ取られてますよ。（日本弁護士連合会が？）全部抑え込むだけの力がある。そういう組織、お金持っているとこどこだといったらわかるでしょう。（それは在日の人たちがですか？）それは誰だってわかるわな」「何千万、何億というお金が動いて抑え込んでいるわけだから」「これはもういわゆる弱者の知恵で、どういう形でやるのが日本乗っ取りに有効か一生懸命考えてやってきたわけですから、それがまあ、いま結果をだしているということですよね」

□余命ブログ主宰者の証言③　「ブログはコピペ」

Qブログは、本当にあなたが書いたのか?と尋ねてみた。

主宰者「（書かれたんですね、ブログを）実際に書いているものは初期のあれなんか、単なるコピペですからね。（コピペ？）コピペですよ。他のいろんな情報なんかの。本人のそういう体験は、ほとんど入ってないんですね。（作り話ですか？）いや作り話じゃないですよ。事実をコピペしてるだけ。何の変哲もない、ふつうのコピペブログですよ。いやあ、その人間の体験なんていくらもないですよ。ほとんどないと言っていいと思いますね」

□余命ブログ主宰者の証言④　青林堂の書籍

Qコピペ、つまり他人の文章の貼り付けだと、ブログの主宰者は明言した。だが、このブログは青林堂という出版元で数冊のシリーズ本になっている。自分で出版社に持ち込んだのだろうか。

主宰者「作りたいという青林堂に、じゃあどうぞと言っただけの話で。あとはもう向こうが勝手にやってるだけで、私は一切関わってませんよ。前書きは書いたけどそれだけですよ。だから青林堂もお金儲けでやってただけでしょう」

□青林堂の外観

Q東京・渋谷に事務所を構える出版元の青林堂。政治と漫画を織り交ぜて、保守系の雑誌や書籍を出版している。

□青林堂の雑誌『ジャパニズム』の表紙になる安倍晋三氏

Q保守色が極めて強い雑誌『ジャパニズム』を2011年から発行、下野していた当時の安倍首相も登場している。

□杉田水脈氏の本『民主主義の敵』

Q杉田水脈議員も執筆者に名を連ね、何冊も本を出している。杉田議員の最新の対談本『民主主義の敵』には、反日学者と名指しされた阪大の牟田教授の名前も登場していた。

□青林堂の外観。FAX。公式ツイッター

Q青林堂に対し、私たちはまず先月14日に電話をかけ、「バッシング」というテーマで、取材をしたいと申し入れた。翌日、社を訪ねて挨拶し、名刺を渡した。社長か編集長にインタビューしたいと2度、ファックスで依頼した。さらに余命ブログを執筆した男性を取材後に、「事実の確認をしたい」とファックスしたが、質問への回答は得られなかった。いっぽう3度目のファックスを送付したその日（28日）、青林堂は公式ツイッターに事実とは異なる内容で取材者を批判するツイートを始めた。わたしたちを「ブラック記者」と呼んでいた。

□ファイルと佐々木弁護士インタビュー

Q3000件の懲戒請求を申し立てられた佐々木弁護士。青林堂を相手に、パワハラで解雇されたと訴える元社員の代理人をしている。それが今回の懲戒請求と関連するのではないか、と見ている。

佐々木弁護士「自分でこれぐらいなんだから、一般の人とか、その弱者と言われている弱い立場の人は、もっと怖いだろうなと思いましたね。しかも匿名の陰に隠れてね、今回はたまたま全部わかりましたけど、陰に隠れて叩くことが余りにも常態化しているというか。ネットの社会では、ふつうになっているので、どっかで誰かが釘を刺さないとだめですよね」

□朝鮮学校のさびれた校舎。参観日

Q朝鮮学校を卒業した弁護士の金英哲さんは、「在日コリアンが日本社会を支配している」という言説がなぜここまで広がり、信じられているのか理解に苦しむという。補助金が打ち切られた母校は、校舎の修繕費すら事欠いて苦境に立たされている。

□金弁護士インタビュー

金弁護士「いまブームになっているみたいですね。調べてみたんですけど、毎月のように韓国や中国を悪く言うような、在日コリアンを悪く言うような書籍が出ているようで、本当に恐ろしいというか。見るだけでもちょっと怖いですけどね」「政治的な動きとあわせる形で、たとえば政治家が朝鮮学校に対する悪い発言をすると、それに呼応する形でネットでも様々なバッシングがあって。そのバッシングによってもっと立場が悪くなるというようなそういった動きがあるんで、やっぱり連動しているような気がしますね。つながりは私自身よくわからないですけども」

□岡山大学。社会学者倉橋耕平さん講演

Q歴史を捻じ曲げたり、否定をしたりしてでも、読者や人びとを惹《ひ》きつけ、敵と見なせば叩く。そんな言説の源はどこにあるのか……。立命館大学などで教鞭《きょうべん》をとる倉橋耕平さんは、1990年代後半から保守言論人の中で歴史がディベートの対象になってきたことに、ひとつの要因があるのではないかと指摘する。

倉橋さん「歴史のディベートでやろうとしていたことというのは、真実よりも説得性が重要だということを主張していたわけなんです。だけれども、ディベートで相手に勝つためには、相手に反論させないだけの知識があればいいわけです。つまりまったく知らないような歴史的なトリビアが一個出てきて、これを崩せないんだったらディベートは負けちゃうわけですよね。ですけれど、それでいいわけです。そんな不誠実な歴史の論じ方はあり得ないと思うんですけど、そうすることによって他者を沈黙に付すことができます」

Q歴史を軽んじる動きに商業メディアが加担し続けた。倉橋さんはそう分析し、さらに歴史修正に乗じる勢力が、「敵」を攻撃する傾向に染まるのではないか、と問題提起している。

倉橋さん「そもそも彼らは最初から、これまでの蓄積を見ようとしません。つまりこれまでの歴史学の歴史を見ようとしない。で、それを全部チャラにして、フラットな状態にして、いや、これは一回調べてみる価値があるとか、調べるぐらいいいじゃないかと言いだす。そこがまずもって学問的に見れば、不誠実ですけど、そこを抜きにしてしまっては、アカデミアの人間が対話をするための足掛かりも最初からないんですよ。それが非常につらいところなんです」

□牟田教授の講演会

司会者「牟田和恵さんどうぞよろしくお願いします」

牟田教授「おはようございます」「つまり日本では性暴力やセクハラが許されないという社会的認識が確立していない」

Qこの30年間、慰安婦問題やセクシャルハラスメント被害の防止に取り組んできた大阪大学の牟田教授。今年は、女性記者へのセクハラが、財務省を揺るがし、社会問題になった。

□牟田教授インタビュー

Qインターネット内外での牟田さんへのバッシングは、いまも続いている。

牟田教授「そういうことを積極的にネットで発言したりしている方は、ごくごく一部だと思うんですね。だけれど、その方たちが非常にマメに声を大きく、非常にどぎつい表現で使われるので、すごく目だってしまう。なので、そのあまり過大視してしまうのも良くないとは思いますけれど、でも本にしてもヘイトビジネスがお金になってしまっているっていう、そういうのは私たちの社会として考えていかないといけないところじゃないかなと思います」

□ご飯論法のVTR撮り

Qこの日、法政大学教授の上西さんは、街角で上映する新しいVTRの制作に取り組んだ。国会で答弁をはぐらかす政府側の手法を一般の人にもわかりやすく伝えようと試みるものだ。

上西教授「今回見ていただきたいのが、論点ずらし、という手法です。その論点ずらしを『ご飯論法』というふうに私たちはここで取り上げているんですけれど」

□VTRの上西教授

Q「朝ご飯は食べなかったのか」と聞かれ、パンは食べたのに、お米を食べていないから、「食べていません」と答える。言いたくないことをそんなふうに隠す、政権のはぐらかしを上西さんが指摘すると、それが「ご飯論法」と名付けられ、ツイッターで拡散されていった。

□流行語大賞の授賞式（2018年12月3日）
司会者「ご飯論法、受賞者は法政大学キャリアデザイン学部教授・上西充子さん」
Qその「ご飯論法」が、2018年の新語・流行語大賞トップ10に選ばれた。晴れやかな舞台で、大勢の人たちに祝福される上西教授。だが、インターネット上では「ご飯論法」が受賞したことに対する攻撃がすぐさま始まった。現政権の批判につながるこの言葉を、気に入らない人びとによるもののようだ。

□CatNAらの攻撃ツイート
「ご飯論法は反政府集団」「左翼とマスゴミ」「反日パヨク」

□上西教授インタビュー
上西教授「そんなの流行《はや》っていない、そんなの聞いたことない、認知度こんなに低いというふうにたくさん叩かれたんですけど、逆にその、直接その人に反論するのではなくて、なんのために私たちはこれを広めているのかということを説明するきっかけにさせていただいた。叩いて黙らせるということに対しては、そういう行為自体が不当なんだということも可視化していきたいですね」

□空撮〜雑踏〜パソコンのネット言論イメージ

Q民主主義が崩れ、独裁政治が生まれようとする時、その兆候は言葉に現れるという。あいつは「敵」だ、あいつらを黙らせろ。そんな空気が漂う中、攻撃のネタを探し、ときには自ら作りもするバッシングという行為。その発信の源には、一部の政治家の存在も作用する。強烈な言葉に駆り立てられる人びとの心を養分とするその影は、広がり続けてゆくのだろうか……。

□スタッフロール後に「ネット空間のSNS分析」（字幕のみ）

Q当番組は放送前、ネット上で一部の人々から標的にされた。

先月末から6日間、取材者を名指しするツイートの数は5000件を超えた。

その発信源を調べるとランダムな文字列のアカウント、つまり「使い捨て」の疑いが、一般的な状況に比べ、3倍以上も存在した。

およそ2分に1回、ひたすらリツイート投稿するアカウントも複数存在した。

取材者を攻撃する発言数が最も多かったのは「ボット」（自動拡散ソフト）の使用が強く疑われる。

つまり、限られた人物による大量の拡散と思われる。

斉加尚代（さいか　ひさよ）

一九八七年に毎日放送入社後、報道記者を経て二〇一五年から同放送ドキュメンタリー担当ディレクター。担当番組は『なぜペンをとるのか―沖縄の新聞記者たち』『沖縄　さまよう木霊―基地反対運動の素顔』『バッシング―その発信源の背後に何が』など。『教育と愛国―教科書でいま何が起きているのか』ではギャラクシー賞テレビ部門大賞。映画『教育と愛国』で初監督。個人として「放送ウーマン賞二〇一八」を受賞。著書に『教育と愛国―誰が教室を窒息させるのか』（岩波書店）がある。

何《なに》が記者《きしゃ》を殺《ころ》すのか　大阪発《おおさかはつ》ドキュメンタリーの現場《げんば》から　集英社新書一一一〇B

二〇二二年　四　月二〇日　第一刷発行
二〇二二年一〇月　八　日　第六刷発行

著者……斉《さい》加《か》尚《ひさ》代《よ》
発行者……樋口尚也
発行所……株式会社集英社
東京都千代田区一ツ橋二-五-一〇　郵便番号一〇一-八〇五〇
電話　〇三-三二三〇-六三九一(編集部)
〇三-三二三〇-六〇八〇(読者係)
〇三-三二三〇-六三九三(販売部)書店専用

装幀……原　研哉
印刷所……凸版印刷株式会社
製本所……加藤製本株式会社

定価はカバーに表示してあります。

ISBN 978-4-08-721210-5 C0236

Printed in Japan

a pilot of wisdom

a pilot of wisdom

集英社新書 好評既刊

9つの人生 現代インドの聖なるものを求めて〈ノンフィクション〉
ウィリアム・ダルリンプル／パロミタ友美 訳 1100-N

現代インドの辺境で伝統や信仰を受け継ぐ人々を取材。現代文明と精神文化の間に息づくかけがえのない物語。

哲学で抵抗する
高桑和巳 1101-C

あらゆる哲学は抵抗である。奴隷戦争、先住民の闘争、啓蒙主義、公民権運動などを例に挙げる異色の入門書。

奈良で学ぶ 寺院建築入門
海野 聡 1102-D

日本に七万以上ある寺院の源流になった奈良の四寺の建築を解説した、今までにない寺院鑑賞ガイド。

「それから」の大阪
スズキナオ 1103-B

「コロナ後」の大阪を歩き、人に会う。非常時を逞しく、しなやかに生きる町と人の貴重な記録。

ドンキにはなぜペンギンがいるのか
谷頭和希 1104-B

ディスカウントストア「ドン・キホーテ」から、現代日本の都市と新しい共同体の可能性を読み解く。

子どもが教育を選ぶ時代へ
野本響子 1105-E

世界の教育法が集まっているマレーシアで取材を続ける著者が、日本人に新しい教育の選択肢を提示する。

江戸の宇宙論
池内 了 1106-D

江戸後期の「天才たち」による破天荒な活躍を追いつつ、彼らが提示した宇宙論の全貌とその先見性に迫る。

大東亜共栄圏のクールジャパン 「協働」する文化工作
大塚英志 1107-D

戦時下、大政翼賛会がアジアに向けておこなった、文化による国家喧伝と動員の内実を詳らかにする。

僕に方程式を教えてください 少年院の数学教室
髙橋一雄／瀬山士郎／村尾博司 1108-E

なぜ数学こそが、少年たちを立ち直らせるのか。可能性のある子どもたちで溢れる少年院の未来図を描く。

大人の食物アレルギー
福冨友馬 1109-I

患者数が急増している「成人食物アレルギー」。その研究・治療の第一人者による、初の一般向け解説書。